DEUTSCHE LANDE DEUTSCHE KUNST

Begründet von Burkhard Meier

KARL G. BRUCHMANN

GOSLAR

AUFGENOMMEN VON

HELGA SCHMIDT-GLASSNER

MCMLII

DEUTSCHER KUNSTVERLAG

HERAUSGEGEBEN MIT UNTERSTÜTZUNG DER STADT GOSLAR

Es lieferten: Das Papier Scheufelen, Oberlenningen. Die Druckstöcke Walter Bohm & Co., Berlin. Den Druck Dr. C. Wolf & Sohn, München. Den Einband J. Schmidkonz, München.
Die Textbilder S. 9, 22, 23 sind entnommen dem Band U. Hoelscher: Die Kaiserpfalz Goslar.
Erschienen im Deutschen Kunstverlag GmbH., München Berlin 1952

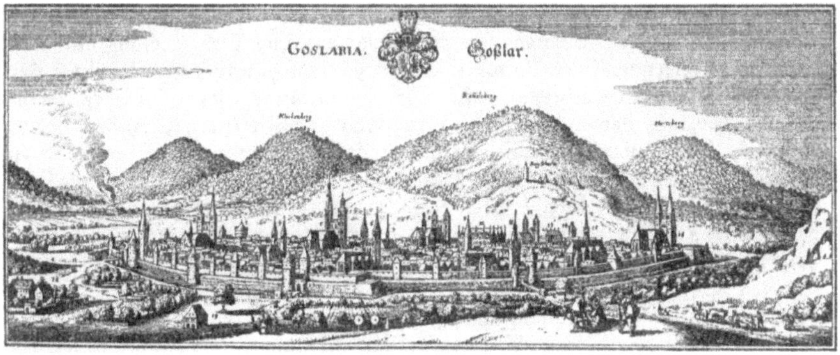

Goslar um 1650. Nach Merian

GOSLAR UND SEINE GESCHICHTE

Als im Jahre 1922 Goslar sich anschickte, sein tausendjähriges Bestehen zu feiern, konnte es vielleicht so scheinen, als sei die Zeit in ihrer ganzen Auffassung und insbesondere mit ihrer Inflation, die ganz andere Zahlen plötzlich zum täglichen Gebrauchsgut gemacht hatte, nicht geeignet, gerade ein solches Fest zu begehen. Und doch hat wohl kein Ereignis der letzten Jahrzehnte, möglicherweise sogar Jahrhunderte in dieser Stadt so stark das Bewußtsein der einstigen Größe und das Gefühl der verpflichtenden Tradition geweckt wie dieses, einer Tradition, die in der ungewöhnlichen Fülle ihrer Bauten und Kunstwerke wie in dem außerordentlichen Umfang ihrer urkundlichen Überlieferung lebt.

Nur wenigen Städten Deutschlands ist es beschieden gewesen, die Schrecken des letzten Krieges ohne jeden Schaden an ihrem Stadtbild zu überstehen, so daß Goslar — unmittelbar am Fuße des Harzes — heute als „unzerstörtes Kleinod deutschen Mittelalters“ in ganz besonderem Maße den Fremden anlockt und beeindruckt. Von welcher Stelle, von welchem benachbarten Berge auch immer man auf Goslar schaut,
sei es vom Maltermeisterturm, der uns an den uralten Bergbau erinnert, sei es von den 2
schönen Promenaden am Bismarckdenkmal am Südhang des Georgenberges, sei es 3
von der Höhe des ostwärts der Stadt gelegenen Petersberges, — immer wieder wird 4
der Blick gefesselt: durch die Schönheit dieser Stadt mit ihren ragenden Türmen und
schimmernden Schieferdächern, mit dem zum Symbol gewordenen Marktbrunnen- 1
Adler. Ein Gang aber durch die alten Straßen, Gassen und Gäßchen der Stadt wirkt
beglückend durch die Geschlossenheit des Eindrucks, den der Fachwerkbau der Häuser 56
mit ihrem reichen Zierat und ihren inhaltsvollen Inschriften vermittelt.

Die Blütezeit als Kaiserstadt

Wenn auch die neuerlich ausgesprochene Vermutung, Goslar habe als Ort mit einer Wik-Anlage, also als „eine nur periodisch von fremden Kaufleuten aufgesuchte Handelsniederlassung“, gewissermaßen als Warendepot, schon seit der Karolingerzeit bestanden, des urkundlichen Beweises entbehrt, so besteht doch kein Anlaß, die von dem Sächsischen Annalisten zum Jahre 922 berichtete Tatsache, Goslar sei als ‚vicus‘ gegründet worden, anzuzweifeln. Damit tritt die heutige Stadt selbst in ihrem Ursprung unmittelbar ins Licht der Geschichte. Darüber hinaus bezeugen die im heutigen Stadtbereich am Abhang des Sudmerberges (1933 ff.) ausgegrabenen Reste der

Sudburg und der zugehörigen Kirche eine wohl bis ins Ende des neunten Jahrhunderts zurückreichende Siedlung, den südlichsten Vorposten der einstigen Pfalz Werla.

Ein entscheidendes Moment für die Entstehung und Entwickelung Goslars war die unter der Regierung Kaiser Ottos I. — um 968/70 — erfolgte Auffindung der Silbererzadern des Rammelsberges. Mit der Erschließung des „Goslarer Silbersegens“ (Hampe) begann der nun schon fast tausend Jahre währende Abbau der Erze des „Berges“, der so zum Schicksalsberg der Stadt wurde. Es entstand am Fuße des Rammelsberges noch auf dem rechten Gose-Ufer, von der späteren Marktsiedlung durch eine sumpfige Bachniederung getrennt, das Bergdorf als älteste Bergmannssiedlung, deren Kirche — die 1925/26 in ihren Grundmauern ausgegrabene Johanniskirche — ursprünglich dem hl. Martin geweiht war und darum die Annahme berechtigt erscheinen läßt, daß sie noch aus fränkischer Zeit stammt und daß auch der Bergbau damals schon — wenn auch nur vorübergehend — betrieben worden ist.

Wir müssen es uns leider versagen, auf die Entwickelung des Bergbaues näher einzugehen, so wichtig er für Goslar von Anbeginn gewesen ist und so bedeutend seine Rolle auch im Wirtschaftsleben der Stadt heute noch ist. Es sei nur darauf hingewiesen, daß schon verhältnismäßig früh der Bergbau nicht mehr unter der Verwaltung des königlichen Vogtes stand, sondern in die Hände von königlichen Lehnsmannen gelangte, die zusammen mit geistlichen Institutionen Goslars und seiner näheren oder weiteren Umgebung die Vereinigung der Bergherren (‚universitas montanorum‘) bildeten und sich offenbar sehr erheblichen Wohlstandes erfreuten. In enger Verbindung mit ihnen stehen die Waldherren, die Silvani, denen auch das Recht der Verhüttung der gewonnenen Erze zugebilligt war. Im Kreise dieser sozial maßgeblichen Schicht finden wir später Familien wie etwa die von Wildenstein, von der Gowische, von dem Dyke, von der Capelle, die durch große Stiftungen als besonders reich in Erscheinung treten.

Um das Jahr 1000 hat man bereits mit dem Ausprägen von Münzen, zunächst der sogenannten Otto-Adelheid-Pfennige, begonnen. Goslar blieb seitdem über siebeneinhalb Jahrhunderte Münzstätte, zuerst der Könige, dann der Stadt, vorübergehend auch der Herzöge von Braunschweig.

Das andere entscheidende Moment war, daß wegen des Anwachsens des Ortes, wegen der Entstehung eines Marktes und vor allem wegen der häufigen Anwesenheit der Kaiser und Könige die Pfalz von Werla nach Goslar verlegt wurde. So entstand hier, die spätere Stadt überragend, von Kaiser Heinrich II. begonnen und von Gene-
5 ration zu Generation verändert und vergrößert, jener gewaltige Pfalzbau, der auch in seiner heutigen restaurierten Gestalt durchaus noch das Bewußtsein von Geist und Macht des mittelalterlichen deutschen Kaisertums zu wecken vermag; zu dieser Pfalz aber gehörte ein besonderer Verwaltungsbezirk, die Reichsvogtei Goslar.

1005 wird Goslar zum ersten Mal urkundlich erwähnt, und zwar in einer Urkunde Kaiser Heinrichs II. Welche Bedeutung schon unter diesem Kaiser, der sich der Wichtigkeit dieses Platzes vollauf bewußt war, Goslar zukam, beweist die hier (1019) abgehaltene Synode, die zugleich die erste Nachricht über eine zur Pfalz gehörige Kirche vermittelt. Von Heinrichs Nachfolger Konrad II. wurde die zweigeschossige Marienkapelle (Kirche Unserer Lieben Frauen) errichtet; zu seiner Zeit erfreuten sich auch bereits die Goslarer Kaufleute, die offenbar in erster Linie aus dem Handel mit den Schätzen des Rammelsberges ihren ungewöhnlichen Reichtum zogen und damit zur allgemeinen wirtschaftlichen Blüte der Stadt maßgeblich beitrugen, besonderer Privilegien, während Goslar selbst königliche Zollstätte war (1074). Den ersten Höhepunkt in ihrer Geschichte erlebte die Stadt unter der Regierung Kaiser Heinrichs III.

Textbild S. 9 Er machte die Pfalz durch einen Neubau zum ‚clarissimum regni domicilium‘, in dem zahlreiche machtvolle und prächtige Reichsversammlungen in Anwesenheit der bedeutendsten Männer jener Zeit stattfanden. Seiner besonderen Vorliebe für Goslar,

wo seine Anwesenheit über dreißigmal urkundlich oder chronikalisch bezeugt ist, gab er
Ausdruck durch die Gründung des Domstiftes, das, seinen Geburtstagsheiligen Simon
und Judas geweiht und bald mit umfangreichem Grundbesitz ausgestattet, eine be-
deutsame Schule der hohen Geistlichkeit wurde. Eine große Zahl von hervorragenden
Bischöfen und Staatsmännern ist aus diesem Domstift hervorgegangen. Wir wissen, daß
1047 der Bau des Domes bereits im Gang war und daß 1050 die Weihe erfolgte. Das 8
Domstift zeichnete sich durch einen außerordentlichen Reichtum an kostbaren Re-
liquien und dafür bestimmten Schreinen und Behältnissen aus, die zumeist aus Ram-
melsberger Silber gefertigt gewesen sein dürften.

Heinrich III. bzw. seine Gemahlin, Kaiserin Agnes, stifteten auf der gegenüberliegen-
den Höhe das St. Petersberg-Stift, das sich ebenfalls großer kaiserlicher Gunst erfreute.

Viele ausländische Fürsten und Gesandtschaften, u. a. Herzog Bretislav von Böhmen,
König Peter von Ungarn und eine russische Delegation, erschienen hier vor dem
Kaiser; Kasimir von Polen beugte hier vor ihm das Knie, um sich wegen der unrecht-
mäßigen Besitzergreifung Schlesiens zu verantworten. Wahrhaft abendländische Be-
deutung aber erlangte Goslar, als hier Papst Viktor II., der Einladung Heinrichs III.
folgend, den Kaiser besuchte, wenige Wochen vor dem jähen Tode des überragenden
Herrschers, dessen Herz seinem Wunsche entsprechend in Goslar beigesetzt wurde. 7,11
Und in dieser Pfalz ist auch — wie aus Berichten der Chronisten zu schließen ist —
des Kaisers Sohn, der spätere Kaiser Heinrich IV., 1050 geboren, der den vom Vater
begonnenen Neubau der Pfalz vollendete und ebenfalls sehr häufig in ihr weilte.

In jener Zeit schien es, als sollte Goslar ständige kaiserliche Residenz werden; „das
deutsche Königtum ist dem festen Mittelpunkt einer Residenz niemals wieder so nahe
gekommen wie im salischen Goslar“ (Klewitz). Nur die schweren innen- und außen-
politischen Verwickelungen, die Heinrich IV. zum Verlassen Goslars zwangen, mögen
eine solche Entwickelung verhindert haben.

Die überragende — auch symbolische — Bedeutung Goslars in jener Zeit ist kaum
besser zu kennzeichnen als durch die Tatsache, daß sich Heinrichs IV. Gegenkönig
Hermann v. Salm 1081 hier wählen und salben ließ, um so seine Legitimität stärker
zu betonen. Diesem Gegenkönigtum war freilich keine lange Lebensdauer beschieden.

Mit Heinrichs IV. Sohn Heinrich V. tritt das salische Kaiserhaus dann noch einmal
in engste Beziehung zu Goslar; auch er hielt sich oft hier im Kreise der Großen des
Reiches auf; ihm verdankt das schon von Kaiser Konrad II. gegründete Augustiner-
Chorherrenstift auf dem Georgenberg seine Vollendung, unter seiner Regierung
wurde das dem gleichen Orden gehörige Stift Riechenberg geweiht, und er war 62
es, der den zweiten, neuen Bau der zur Kaiserpfalz gehörigen Ulrichskapelle durch- 6,7
führte und durch Errichtung des jüngeren Wohnpalastes eine große Erweiterung des
Kaiserhauses vornahm. Eine solche Zeit höchsten Ansehens und zugleich engster Ver-
bindung mit dem Herrscherhaus hat Goslar nicht mehr erlebt, auch dann nicht, als
es unter den Staufern im Mittelpunkt des politischen Interesses stand oder als es um
die Wende vom 15. zum 16. Jahrhundert seine eigene größte wirtschaftliche Blüte
erlebte.

Es ist naheliegend, daß in diesen Jahrzehnten auch die Marktsiedlung, die zweifellos
der kaiserlichen Initiative ihre Entstehung verdankt, schnell aufblühte und eine ent-
sprechende Vergrößerung erfuhr, schließlich daß mehrere in sich mehr oder minder
geschlossene Stadtviertel — etwa das Frankenberg-, das Jakobi- und das Stephani-
Viertel, — neu entstanden. Wann alle diese Teile nun zu einer einheitlichen „Stadt“
zusammenwuchsen, ist nicht unbedingt nachweisbar; 1108 aber erfolgte eine Neu-
abgrenzung des Sprengels der Frankenberger Kirche, womit die kirchliche Organisation 57-59
ihren Abschluß fand. Damals erfuhren wohl auch Stadtumfang und -einteilung eine
weitgehende Festigung. Etwa zur gleichen Zeit dürfte die Stadt den ersten Mauerring
erhalten haben, dessen Rosen- und Vititor schon gegen Ende des 12. Jahrhunderts

genannt werden. Es bestanden nun also 6 Pfarrsprengel: Markt-, Jakobi-, Frankenberger, Stephani-, Thomas- (etwa für den Bereich des Domstiftes und der Kaiserpfalz) und Johannis-Kirche (letztere im Bergdorf, also außerhalb des Mauerringes). Von diesen Pfarrkirchen sind die ersten drei heute noch erhalten; die Stephani-Kirche fiel dem großen Stadtbrand von 1728 zum Opfer, wurde aber sogleich wieder aufgebaut; die Thomaskirche ist 1840 abgebrochen worden; von der Ausgrabung der Grundmauern der Bergdorf-Kirche war schon die Rede.

Unter Heinrichs V. Nachfolger Lothar von Supplingenburg wird Goslar erstmals — 1131 in einer Urkunde des Bischofs Bernhard von Hildesheim — als Stadt (‚civitas') bezeichnet; die oben geschilderte Entwickelung aus der Bergmannssiedlung, dem Marktort und der Pfalz zum städtischen Gemeinwesen war also wohl im ersten Viertel des 12. Jahrhunderts beendet.

Mit Konrad III. gelangten nun — 1138 — die Staufer für rund ein Jahrhundert auf den Königs- bzw. Kaiserthron, und damit gleichzeitig gewann Goslar stärkste politische Bedeutung in dem Ringen zwischen Staufern und Welfen; denn Letztere versuchten, wenn auch vergeblich, wohl schon zu Konrads III. Zeit, Goslar mit der Reichsvogtei in ihre Hände zu bekommen. Friedrich I. Barbarossa scheint eine andere Politik eingeschlagen zu haben: er überließ — vermutlich in Verbindung mit den Verhandlungen bei seiner Thronbesteigung — Heinrich dem Löwen die Reichsvogtei Goslar (1152), um ihn für sich zu gewinnen. Er unterstützte ihn auch einige Jahre später gegen seine Feinde, aber der Kaufpreis dafür war sehr hoch: er verlangte Goslar zurück (1168). „Zum Streit zwischen Barbarossa und Heinrich dem Löwen lag in dem Silberglanz von Goslar vielleicht der erste tiefere Anreiz" (Brandi). Die Notlage Friedrichs I. in seinem Kampf mit den lombardischen Städten (1176) nützte Heinrich der Löwe dazu aus, für seine Hilfeleistung die Belehnung mit Goslar, der bedeutendsten Stadt des sächsischen Herzogtums (‚ditissimam Saxonie civitatem'), zu fordern. Der Kaiser lehnte eine derartige Erpressung ab, und Heinrich schied im Zorn von ihm. Friedrich unterlag den Lombarden.

Friedrich I. war oft in Goslar und hat hier verschiedene glänzende Reichsversammlungen abgehalten; Männer wie Heinrich der Löwe, Albrecht der Bär, Erzbischof Wichmann von Magdeburg, der kaiserliche Kanzler Reinald von Dassel gehörten dabei meist zu seinem engeren Gefolge. Das Domstift erfreute sich seiner besonderen Gunst, so daß er geradezu als dessen zweiter Fundator gefeiert wurde.

Unter Barbarossas Nachfolger, Kaiser Heinrich VI., erfolgte sodann ein großzügiger Um- bzw. Wiederaufbau der Pfalz, durch den sie die Gestalt erhielt, die heute noch in den alterhaltenen Teilen vorliegt.

Die nach dem Tode Kaiser Heinrichs VI. erfolgende doppelte Wahl berief den Staufer Philipp von Schwaben und als Gegenkönig den Welfen Otto IV. auf den Thron. Auch Goslar wurde in die nun beginnende kriegerische Auseinandersetzung unmittelbar einbezogen. Heinrichs des Löwen zweiter Sohn Heinrich fiel zu König Philipp ab, wurde auch von diesem (1204) mit der Reichsvogtei Goslar belehnt, konnte aber den Besitz nicht antreten, da Otto IV. Goslar belagerte; am 9. Juni 1206 eroberten nach verschiedenen vorangegangenen Versuchen seine Mannen die Stadt, in der Philipp sich verschiedentlich aufgehalten hatte. Goslar mußte eine grauenvolle achttägige Plünderung erleiden. Bode bezeichnet dieses furchtbare Ereignis vielleicht mit Recht als den „Endpunkt der eigentlichen Kaiserzeit". Die einst als Lieblingsresidenz von den Kaisern verehrte Stadt hat deren Schutz verloren und ist von nun an mehr oder minder auf sich selbst angewiesen.

Dem widerspricht es auch nicht, daß nach Ottos IV. († 1218) häufigen Aufenthalten in Goslar nun Friedrich II. 1219 hier Reichstag hielt und in einer großen Privilegienbestätigung gleichsam Goslars ‚magna charta' festlegte; diese Urkunde enthält im übrigen u. a. das Verbot der Gilden. Der Kaiser verlieh 1235 bei der Schaffung des

Die Pfalzgebäude in der Zeit Heinrichs III. Rekonstruktion von Hölscher

Herzogtums Braunschweig-Lüneburg auch den Bergzehnten zu Goslar an Otto das Kind; hierauf basierte von da an die welfische Herrschaft im Goslarer Forstgebiet und insbesondere ihre Hoheit über den Rammelsberg.

Auch Friedrichs II. Sohn König Heinrich ist verschiedentlich in Goslar gewesen. Der letzte mittelalterliche Herrscher, der hier geweilt hat, aber war Wilhelm von Holland, den wir 1252 und 1253 in Goslar finden. Damit war Goslars erste Blütezeit endgültig abgeschlossen.

Die Stadt unterhielt zwar noch das Kaiserhaus aus den Judenschutzgeldern, doch es lag verlassen da, und alle noch im 15. Jahrhundert gehegten Hoffnungen der Goslarer, es werde wieder einmal ein Kaiser durch seine Anwesenheit den alten Glanz erneuern, waren vergeblich. So verlor dieser einstige Prachtbau immer mehr an Bedeutung, und auch in der Folgezeit konnte dem zunehmenden Verfall kein Einhalt mehr geboten werden.

Diese zwei Jahrhunderte aber — von 1050 bis 1250 — waren es zugleich, die in
Goslar die großen Bauten entstehen ließen, die zum Teil heute — unverändert oder
in abgewandelter Form — vor unseren Augen stehen, zum Teil wenigstens in ihren
Grundmauern noch erkennbar sind: die Kaiserpfalz mit den zu ihr gehörigen Bauten, 5
das Domstift SS. Simonis et Judae sowie die Stifte Petersberg, Georgenberg und 8,9
Riechenberg mit seiner wundervollen Krypta kennzeichnen die überragende Bedeu- 62,63
tung Goslars ebenso wie die reichen Pfarrkirchen, die — nach der schlichten ersten
Pfarrkirche im Bergdorf — nun in der aufblühenden Stadt erstanden: die Markt- 18,19
kirche SS. Cosmae et Damiani, die Jakobikirche, die Stephanikirche und die besonders 30
schön auf der Höhe gelegene Frankenberger Kirche. Da auch die beiden letzteren 57-59
ursprünglich zweitürmig waren, so entstand in Verbindung mit der Vielzahl der
Kapellen und sonstigen geistlichen Institutionen — wie Kloster Neuwerk mit seiner 23-29
bedeutenden Kirche — jenes türmereiche Bild, das uns der spätere Merian'sche Stich Textbild
noch wiederzugeben vermag. Auch das Rathaus mit dem einzig schönen Markt- S. 5
brunnen davor reicht in seinen ältesten Teilen sicherlich bis in jene Zeit zurück, als 32-35
Kern der machtvoll-wachsenden bürgerlichen Siedlung.

Zu den Türmen der Gotteshäuser gesellten sich die Türme der Stadtbefestigung, bei der wir aber nicht mehr feststellen können, welche Fundamente bis in jene Zeit zurückreichen.

Noch schwieriger liegen die Dinge bei den Bürgerhäusern. Da von den untergegangenen Kirchen und Kapellen vielfach Bauteile in Privathäusern eingebaut worden sind,

läßt sich kaum mit Bestimmtheit sagen, wo wirklich noch ursprüngliche Bestandteile
54,55 vorhanden sind. Mit Sicherheit sind romanische Reste wohl in dem Südteil des Großen Heiligen Kreuzes (einer ehemaligen Domkurie), in dem diesem gegenüberliegenden einstigen Deutschordenshaus und im Küchenteil des St. Annenhauses zu erkennen. Daß es tatsächlich damals schon steinerne Häuser in Goslar gab, beweist die Nachricht, daß die Goslarer versucht haben, das Steinhaus, in dem ihr Feind Bischof Burchard von Halberstadt Quartier genommen hatte, in Brand zu stecken (1088).

Schließlich sei noch auf einen besonders kostbaren Zeugen für die damalige kulturelle Bedeutung Goslars hingewiesen: auf die jetzt im Huldigungssaal des Rathauses gezeigte Prachthandschrift des Goslarer Evangeliars, das um 1235 im Kloster Neuwerk entstanden sein dürfte, in jenem Kloster Neuwerk, dessen Kirche nicht nur durch ihr
23-29 Äußeres, sondern auch durch die Schönheit des Inneren, durch die prächtigen Gemälde im Chor wie durch ihren figürlichen Schmuck nachhaltig zu beeindrucken vermag.

Zeitlich nicht allzu fern stehen dem Evangeliar auch die guten, bisher verhältnis-
22 mäßig wenig beachteten Glasmalereien der Marktkirche mit der Legende der Patro-
10 natsheiligen Cosmas und Damian, während von den beiden kleinen Glasmalereien des Domes (jetzt im Museum) die eine älter, die andere jünger ist.

Die Blütezeit als Bürgerstadt

Goslars nun beginnender Aufstieg als Stadt wurde zunächst gehemmt durch nicht unerhebliche innere Auseinandersetzungen, in erster Linie, da die ritterlichen Familien inzwischen aus der Stadt verdrängt waren, durch solche zwischen Rat und Gilden sowie Kaufleuten und Montanen bzw. Silvanen. Sie fanden ihr Ende in dem Privileg Rudolfs von Habsburg (1290), das die Gilden endgültig wieder zugestand und eine Einigung der streitenden Parteien herbeiführte. Außenpolitisch steht diesen Ereignissen der Anschluß an die Hanse gegenüber, zu der Goslar von ihrer Gründung an gehört haben dürfte und bei der es bis 1566 blieb, als die Stadt durch die politische Entwickelung und ihre dadurch bedingte Verarmung zum Austritt gezwungen war.

Es ist vielleicht kennzeichnend für die um die Mitte des 13. Jahrhunderts eingetre-
54 tene veränderte Situation, daß die Stadt 1254 ein Hospital zu Ehren Johannes' des Täufers an der Königsbrücke in einer Domkurie errichtete. Dieses „Neue Hospital", auch als „das große Gasthaus" bezeichnet, überflügelte dank den vielen Stiftungen, die ihm zuteil wurden, bald die gegenüberliegende Hospital-Niederlassung des Deutschen Ordens, erhielt später die Bezeichnung „Großes Heiliges Kreuz" und dient in
55 seiner charakteristischen Bauweise heute noch als Altersheim.

Das Jahr 1290 bildet aber nicht nur innenpolitisch einen Markstein; auch in der staatsrechtlichen Stellung der Stadt ergab sich eine neue Lage: Goslar kaufte von Graf Heinrich von Woldenberg die Reichsvogtei und erlangte dadurch nicht nur ein Territorium und die zugehörige Gerichtsbarkeit sondern zugleich auch schon eine gewisse Selbständigkeit. Darüber hinaus bemühte sich die Stadt mit Erfolg, auch die außerhalb ihres Mauerbereichs, aber innerhalb der Reichsvogtei entstandenen besonderen kleineren Gerichtsbezirke, vornehmlich die des Berggerichts, zu erwerben.

Diese Erfolge bildeten die Grundlage für die in der ersten Hälfte des 14. Jahrhunderts einsetzende Politik des Rates; sie kannte nur ein Ziel: den „Berg". Mit anderen Worten: sie bestand in dem sich nun ständig verstärkenden Bemühen des Rates als des Trägers der städtischen Politik, sich in den alleinigen und uneingeschränkten Besitz des Rammelsberges zu setzen, dessen Erzreichtum, wie man richtig erkannte, die wirtschaftliche Grundlage der Stadt zu bilden geeignet erschien. Es handelte sich dabei nicht nur um den Erwerb des Bergzehnten und damit der Berghoheit und des Berggerichtes, sondern auch um das private Eigentum an den Gruben.

Hand in Hand damit gingen vom Jahr 1300 ab die ersten größeren Erwerbungen von Wald, dessen Holz für den Bergbau unbedingt nötiger Grundstoff war. Daß man es daneben auch verstanden hat, den geistlichen Institutionen im Zuge der Auseinandersetzungen wegen ihrer Sonderrechte die wichtigen Mühlen innerhalb der Stadt aus den Händen zu winden, kennzeichnet das Geschick, mit dem man zu Werke ging. Die Verhandlungen mit den verschiedenen Stiften und Klöstern waren umso schwieriger, als diese in der Stadt reichen Grund- und Rentenbesitz der verschiedensten Art hatten und dem Domstift sogar von allen Hausstätten, die einst zum königlichen Grundbesitz gehört hatten, ein Grund- („Wort-") Zins gezahlt werden mußte.

In diese Linie machtpolitischen Strebens gehört auch ein halbes Jahrhundert später ein entscheidender Erfolg auf dem Wege zur Selbständigkeit: 1340 verlieh Kaiser Ludwig (IV.) der Bayer der Stadt das Heerschildrecht. Das bedeutete für Goslar die Reichsfreiheit, und mit dieser Tatsache hängt es auch unmittelbar zusammen, daß seitdem Goslar als Stadtwappen den Reichsadler führt. Ihm begegnen wir nicht nur im Siegel der Stadt sondern ebenso auf den städtischen Münzen usw. Die ursprünglichen Schutzheiligen Simon und Judas, die das große Stadtsiegel genauso zieren wie das Siegel des Domstifts, treten immer mehr zurück, und das Symbol der Stadt wird von nun an bis heute der Adler, wie er in stolzer Kraft auf dem Marktbrunnen prangt. 1

Im Jahr 1359 vermochte die Stadt wiederum einen beachtlichen Schritt vorwärts zu tun: die Berggenossenschaft der Sechsmannen, die hier offenbar nur vorgeschoben für den Rat selbst handelte, konnte von der Familie von der Gowische, die zu den Lehensmannen der Herzöge von Braunschweig gehörte, Bergzehnten und -gericht pfandweise erwerben. In der zweiten Hälfte des 14. Jahrhunderts gelang es sodann dem Rat, eine immer größere Zahl von Bergwerksteilen zu erwerben, so daß er zusammen mit führenden Bürgern um 1400 als fast alleiniger Besitzer erscheint. Zur gleichen Zeit vermochte sich die Stadt das für den Bergbau und die Verhüttung unbedingt notwendige Holz dadurch zu sichern, daß sie in geschickter Ausnutzung der meist sehr mißlichen finanziellen Lage der Herzöge von Braunschweig-Wolfenbüttel und Braunschweig-Grubenhagen von diesen für Darlehnsgelder immer weitere Nutzungsrechte an deren Forstbesitz im Oberharz erwarb, so daß Goslars Forst bis an den Brocken und bis an die Stadtgrenzen von Osterode und Seesen reichte.

Die erste Hälfte des 14. Jahrhunderts ist aber auch gekennzeichnet durch eine offenbar weitgehende innere Gesundung und Stabilisierung; sie tritt uns vor Augen etwa in der Kodifizierung des Goslarer Stadtrechtes (um 1325), das bis weit nach Thüringen hinein Geltung hatte, und durch den blühenden, in der Hand der Stadt befindlichen Bergbau, der nun auch die Aufzeichnung eines besonderen Bergrechtes nötig machte (um 1360). Auch der Rat kam nun — Ende der 60er Jahre — zu der Form der Zweiteilung mit alternierender Tätigkeit; an seiner Spitze stand ein Sechsmannen-Kollegium; 1365 findet sich zum ersten Male für den Repräsentanten der Stadt die Bezeichnung „Bürgermeister".

Die Tatsache, daß durch katastrophale Wassereinbrüche der Bergbau um 1360 fast völlig zum Erliegen kam, zwang den Rat, jetzt seine gesamte wirtschaftliche Kraft dafür einzusetzen, den Bergbau wieder in Gang zu bringen. Nach vielen vergeblichen Versuchen und unter ungeheuren finanziellen Opfern gelang das um 1450, und Bergbau und Hüttenbetrieb entwickelten sich zu bisher nicht gekannter Höhe, wobei Blei und Silber an erster Stelle standen. Die durchschnittliche Groberz-Förderung betrug im ersten Viertel des 16. Jahrhunderts 30.000 t. Damit zog dann die zweite große Blütezeit der Stadt herauf, die bis in die ersten Jahrzehnte des 16. Jahrhunderts dauerte und für das heutige Stadtbild weitgehend bestimmend ist. So dürfte vor allem um die Mitte des 15. Jahrhunderts das Rathaus seine gotische Ostfront erhalten haben, 33
die zwar in ihrer Fensteranordnung bis zur Gegenwart noch manchen Wandel erfahren hat, in ihrer Grundgestaltung jedoch geblieben ist.

32 Gegen Ende des Jahrhunderts entstanden dann Bauten wie das Gildehaus der Ge-
39 wandschneider (das heutige Hotel Kaiserworth) mit seinem reichen figürlichen Schmuck
61 und das St. Annenstift, beide aus dem Jahre 1494, aber beide vermutlich auf älteren
Fundamenten errichtet. Auch andere Gildehäuser, nach glaubwürdigen Quellen in
ähnlicher Weise wie das der Gewandschneider gebaut, zierten damals den Marktplatz und
seine nähere Umgebung; sie sind jedoch den schweren Bränden des 18. Jahrhunderts
19,30 zum Opfer gefallen. Ferner werden zur gleichen Zeit etwa die Markt- und die Jakobi-
kirche — nun natürlich gotisch — erweitert und umgebaut.

Die großen Erfolge im Bergbau und die beträchtliche Erweiterung des für den Betrieb des Bergwerkes unerläßlichen Waldbesitzes brachten ungeahnten Reichtum. Dieser dokumentiert sich nicht nur in den Bauten, sondern zwingt die Bürgerschaft zugleich dazu, durch eine großzügige Befestigung die Stadt, ihre Schätze und ihren Wohlstand zu sichern. So kommt es zu einer Verstärkung der bereits bestehenden
44 und zum Ausbau neuer Befestigungsanlagen. Das gilt etwa für das Breite Tor, dessen
Anlage erheblich verstärkt wurde, wie für das Rosentor, dessen heute in das Gebäude des Hotels „Der Achtermann" einbezogener runder Turm die Jahreszahl 1501 trägt, wie für den Zwinger, dessen Wappenstein auf 1517 datiert ist.

Diese Maßnahmen erschienen umso notwendiger, als ja die Nachbarn sämtlich stark daran interessiert waren, die Stadt in ihre Hände zu bekommen. Wenn Kaiser Karl IV. im Anschluß an seine große Privilegienbestätigung von 1351 zehn Jahre später der Stadt seinen besonderen Schutz verleiht und gleich eine ganze Reihe von Fürsten als Schutzherren der Reichsstadt einsetzt, u. a. den Markgrafen von Brandenburg, den Erzbischof von Magdeburg, die Bischöfe von Halberstadt und Hildesheim, die Herzöge von Braunschweig und Lüneburg und die Markgrafen von Meißen, so geschah es doch offenbar nur, um sie gegenseitig zu neutralisieren.

Auch mit der Jahrhundertwende hörte diese glanzvolle Zeit noch keineswegs auf, vielmehr steigerte sich fast noch im ersten Viertel des 16. Jahrhunderts die Üppigkeit der Stadt, von der man wohl sagen kann, daß sie damals im Gelde schwamm.

45 Als Zeugen dieser glückhaften Zeitspanne sind das Bäckergildehaus (1501) sowie eine
49 ganze Reihe von bürgerlichen Bauten zu erwähnen wie das Haus Marktstraße 1 (1526)
48 und die jetzt dazu gehörige, an der Münzstraße gelegene steinerne Kemenate (1517),
die seit dem Anfang dieses Jahrhunderts den Arbeitsraum des Stadtarchivs birgt, ferner
46,47,52, das „Brusttuch" (1526), das „Mönchehaus" (1528) und zahlreiche andere. Eine Eigen-
53 art Goslarer Häuser sind ihre Schieferdächer, für die das Material aus mehreren Schie-
fergruben in nächster Umgebung der Stadt gewonnen wurde und z. T. heute noch gewonnen wird. Zeitweise war dieser Dachschiefer sogar ein wichtiger Exportartikel.

Aber auch das Rathaus selbst erfuhr in jener Zeit außer dem Einbau eines Trinitatis-Altares eine Bereicherung ganz besonderer Art durch die Ausmalung des heute
40-43 als „Huldigungssaal" bezeichneten einstigen Ratssitzungssaales, eine, wie Dehio betont,
„in ihrer Art einzige Dekoration". Es gibt wohl kaum in deutschen Landen einen zweiten Raum solcher Geschlossenheit und herrlicher Farbgebung, der so gut erhalten geblieben ist. Der Künstler, der diesen Prunksaal schuf, ist uns nicht bekannt; eine jüngst aufgetauchte Vermutung möchte an Hans von Cöln denken, der bisher irrtümlich mit Hans Witten identifiziert wurde. Von der Meisterhand Hans Wittens aber
36 stammen zwei besonders eindrucksvolle Kunstwerke, der Geweihleuchter auf der
31 Rathausdiele mit dem thronenden Kaiser und vor allem die Pietà der Jakobikirche.

37,38 Im Huldigungssaal wird auch die auf das Jahr 1477 datierte „Bergkanne" gezeigt,
ein ganz hervorragendes Werk der Goldschmiedekunst, das so recht geeignet ist, den damaligen Reichtum der Freien Reichsstadt zu dokumentieren.

Daß man aber über dieser glanzvollen äußeren Lage auch — an der Schwelle der
60 Reformation — die Frömmigkeit, der einst ein solches Kunstwerk wie die Margareten-

Decke ihre Entstehung verdankte, nicht vergaß, zeigt die eindrucksvolle Kreuzigungsgruppe vom Lettner des Domes (um 1520). 16,17

Aber diese Jahrzehnte einer kaum vorstellbaren wirtschaftlichen Blüte Goslars, an der auch auswärtige hochbedeutende Männer der Wirtschaft wie Johannes Thurzo, der berühmte, unwahrscheinlich reiche Gesellschafter der Fugger, Johann Koler aus dem bekannten Nürnberger Patriziergeschlecht und Andere ihren Anteil hatten, sollten ein sehr jähes Ende finden; schon ein Menschenalter später brach die Katastrophe über die Stadt herein, von der sich diese jahrhundertelang nicht hat erholen können.

Der Niedergang

Zwar war es der Stadt gelungen, sich in den Besitz des Rammelsberges und seiner Bergwerke zu setzen, dieser Besitz jedoch war kein Eigentum, sondern nur Pfandbesitz, während die Herzöge von Braunschweig nach wie vor die Eigentümer waren. Aber „seit den Tagen Heinrichs des Löwen liebäugelten die Welfen mit dem Besitz der Reichsstadt Goslar; Stadt, Silber und Forsten bildeten genug Anlaß zur Begehrlichkeit" (Brandi). Als vor zwei Jahrhunderten die Verpfändung erfolgte, war der Bergbau auf einem sehr tiefen Punkt angelangt, so daß auch der Berg nicht so bedeutend erschien. Die durch die hervorragende Ausbeute völlig veränderte Lage mußte naturgemäß in den Herzögen den Wunsch wach werden lassen, das Pfand einzulösen; erste Verhandlungen — mit Erhöhung der Pfandsumme — erfolgten schon 1477. In klarer Erkenntnis der schwerwiegenden Folgen, die der Verlust des Bergwerks, der Grundlage des ungeheuren Reichtums der Stadt, für diese haben mußte, bemühte sie sich, dieser Gefahr auf die verschiedenste Art zu begegnen, allein ihre Maßnahmen waren vergeblich. Der inzwischen zur Regierung gekommene Herzog Heinrich der Jüngere beharrte auf der Einlösung des Pfandes, für die ihm die Mittel vor allem durch seinen Sieg in der Hildesheimer Stiftsfehde zur Verfügung standen.

Es würde zu weit führen, die zum Teil sehr schwierigen Rechtsfragen und Auseinandersetzungen, die bis zum Prozeß vor dem Reichskammergericht führten, im einzelnen darzulegen. Das Ergebnis war, daß die Stadt 1526 die Forsten, 1527 auch den Bergzehnten gegen Zahlung der Pfandsumme an Herzog Heinrich den Jüngeren von Braunschweig-Wolfenbüttel herausgeben mußte. Gegen die Besetzung der Gruben erhob die Stadt Beschwerde bzw. Klage bei dem Kaiser und dem Reichskammergericht. So kam es 1530 zu einem Reichstagsabschied, der eine Zwangsverwaltung einsetzte; diese dauerte bis 1542, als durch den Beginn der Kämpfe des Schmalkaldischen Bundes gegen den Herzog eine völlig neue Lage entstand.

Zu diesen politischen, ja beinahe nur wirtschaftspolitischen Gründen dieser Auseinandersetzung zwischen dem sehr energischen Herzog und der Stadt war inzwischen noch ein anderes Moment gekommen, das die Politik wie das ganze Leben jener Zeit restlos beherrschte: das religiöse.

Die bereits angedeuteten Auseinandersetzungen zwischen Stadt und Herzog führten zu einem höchst folgenschweren Ereignis. Die Bevölkerung Goslars war durch die reformatorischen Gedanken sicherlich schon stark beeinflußt. Die vorübergehende Besetzung der Augustiner-Chorherrenstifte Riechenberg und Georgenberg vor der Stadt durch die herzoglichen Truppen führte am 22. Juli 1527 zu einer vom Pöbel diktierten Aktion, in der offenbar religiöse, soziale und politische Beweggründe zusammenwirkten. Unter dem Vorwand, dem Herzog die Möglichkeit einer militärischen Besetzung der strategisch zweifellos wichtigen vor den Toren und Mauern liegenden Klöster nehmen zu müssen, zündete man zunächst das Stift auf dem St. Georgenberg an, dann folgten das Stift auf dem St. Petersberg, die Johanniter-Kommende zum Hl. Grab und die St. Johannis-Kirche im Bergdorf. Schon im Jahr 1500 hatte übrigens die Stadt von der geistlichen Obrigkeit die Genehmigung erbeten und erhalten, den Turm dieser Kirche in dem damals bereits verödeten Dorf niederzulegen, damit sich im Falle einer Belagerung kein Feind dort festsetzen könne. Für uns heute ist es tief zu bedauern, daß diese vier hochbedeutsamen Kirchen mit ihren umfangreichen zugehörigen Gebäuden nur noch ihrem Grundriß nach und auch da z. T. nur sehr unzureichend bekannt sind. Besonders der Untergang des Stifts auf dem St. Georgenberg, das nicht nur ein hervorragend schöner sondern auch ein sehr interessanter Bau gewesen sein muß, ist ein sehr schwerer Verlust.

Für die Zeitgenossen aber war dieser Klostersturm, der auch zu gewissen Plünderungen in Kirchen innerhalb der Stadt führte, von den schwersten Folgen begleitet; denn mit diesem Vorgehen hatte sich die Stadt eindeutig ins Unrecht gesetzt. Der strengkatholische Herzog nützte das auch sofort aus und verklagte die Stadt beim Kaiser wegen Landfriedensbruchs und Kirchenschändung.

Die Einführung der Reformation in Goslar — der erste protestantische Gottesdienst fand 1528 in der Jakobi-Kirche statt — gibt der weiteren Entwickelung eine ebenso klare Richtung wie der 1531 vollzogene Beitritt zum Schmalkaldischen Bund. Letzteres konnte allerdings das Schlimmste nicht verhüten: Goslar fiel vorübergehend in die Reichsacht, und erst die Vertreibung des Herzogs durch die verbündeten Schmalkaldener brachte eine gewisse Atempause. Der Zusammenbruch des Schmalkaldischen Bundes aber besiegelte auch Goslars Schicksal. Die vernichtende Niederlage der Protestanten bei Mühlberg wirkte sich auf Goslar dadurch aus, daß es für seine Beteiligung 40.000 Goldgulden Buße zahlen und 12 Geschütze abgeben mußte. Dadurch verlor die Stadt auch erheblich an Widerstandskraft gegen Herzog Heinrich den Jüngeren, der nun seine Machtpolitik gegen Goslar umso energischer betrieb.

Im Riechenberger Vertrag vom 13. Juni 1552 erreichte der Herzog die Unterwerfung der Stadt. Goslar verlor das Erzbergwerk, sowie den größten Teil des Forstbesitzes und mußte dem Sieger auch das Vorkaufsrecht des Erzes einräumen.

Kein Tag in der Geschichte der tausendjährigen Stadt war so schwarz, kein Ereignis von so einschneidender Bedeutung!

Durch den Riechenberger Vertrag wurde der Wohlstand Goslars auf Jahrhunderte vernichtet. Nach den beiden so außerordentlich glanzvollen Perioden, die wir als die kaiserliche und die bürgerliche kennzeichnen möchten, folgt nun eine Zeit des geradezu erschütternden Abstieges. Die allgemeine politische Entwickelung der nächsten Jahrzehnte und Jahrhunderte war nicht geeignet, der protestantischen Reichsstadt, deren Macht und Ansehen auf ihrem Bergbau beruht hatte, wieder zu neuem Aufstieg zu verhelfen.

Es seien hier noch ein paar Bemerkungen über die durch die Reformation in den geistlichen Institutionen hervorgerufenen Veränderungen angeschlossen. Das Dom- und das Petersstift blieben zunächst katholisch; infolge der Zerstörung des Letzteren zogen die Stiftsherren in die Stadt, wo sie sich der — heute auch nicht mehr bestehenden — St. Katharinen-Kapelle bedienten. Das Georgenberg-Stift zog die Lehren aus dem Überfall vom 22. Juli 1527 und begann sogleich mit dem Bau einer neuen Niederlassung auf seinem Klostervorwerk Grauhof; hier entstand im Anfang des 18. Jahrhunderts die Barockkirche, die heute die Zufluchtsstätte der Franziskaner aus Breslau-Carlowitz ist. Von dem einstigen stattlichen Bau auf dem Georgenberg aber sind heute nur noch die Grundmauern der Stiftskirche und einiger unmittelbar benachbarter Gebäude erhalten; ihre Kenntnis verdanken wir Ausgrabungen, die in den Jahren 1875 bis 1884 durchgeführt wurden. Die Johanniter-Kirche zum Hl. Grabe ist lediglich in dürftigen Grundmauerresten erkennbar. Den Insassen der Niederlassung wurde als Entschädigung das „Trollmönch" genannte Haus überlassen. Die St. Johannis-Kirche im Bergdorf wurde in ihren Fundamenten 1925/26 freigelegt.

23-29 Von den übrigen geistlichen Anstalten war die wichtigste das Kloster Neuwerk; dieses widersetzte sich zunächst der Reformation und suchte Hilfe bei den damals noch katholischen Braunschweiger Herzögen; doch um 1575 erzwang Herzog Julius die Reformation. Nach langjährigen Auseinandersetzungen wurde Neuwerk, inzwischen sehr verarmt, Versorgungsanstalt für Goslarer Bürgertöchter.

Das Minoriten- („Brüdern"-) Kloster wurde nach der Reformation von den Mönchen verlassen. Aus seinem Vermögen und dem der übrigen säkularisierten bzw. in Stadtbesitz übergegangenen klösterlichen und klosterähnlichen Niederlassungen, z. B.
Großes und Kleines Heiliges Kreuz, St. Annenhaus usw., wurde zum Unterhalt des 54, 55, 57,
Kirchen- und Schulwesens das Kistenamt geschaffen. Die inzwischen bereits eingestürzte 61
Brüdernkirche selbst ist abgebrochen worden (1820). —

Im weiteren geschichtlichen Ablauf führt nun von dem Katastrophenjahr 1552 an die Kurve des Wohlstandes Goslars erschreckend abwärts. Die 1566 bzw. 1570 erfolgte Annahme des Protestantismus beim Domstift bzw. Petersstift sowie der Tod Herzog Heinrichs des Jüngeren (1568) brachten eine gewisse, allerdings nur vorübergehende Beruhigung, zumal sein Nachfolger Herzog Julius selbst auch eifriger Protestant war. Mit ihm versuchte man sogar, wegen einer Aufhebung oder mindestens Änderung des Riechenberger Vertrages ins Gespräch zu kommen, allerdings ohne Erfolg. Der Versuch der Stadt, unmittelbar beim Kaiser ihre Klagen wegen der schweren Bedrückungen, die sie in verschiedenster Beziehung durch Herzog Julius zu erleiden hatte, und besonders wegen des Riechenberger Vertrages vorzubringen, führten zu einer Klage des Herzogs beim Reichskammergericht, bei dem nun auch die Stadt ihr Recht suchte. Allein dieser Prozeß hat nie ein Urteil gefunden. Obwohl Goslar immer noch, wenn auch nur in geringem Umfang, selbständige Unternehmerin in einigen Gruben war und obwohl es alle möglichen Geldquellen zu erschließen versuchte und sogar das Ratssilber einschmelzen ließ, war es doch schon zu verarmt, als daß es so kostspielige Prozesse hätte durchhalten können. Schwere Seuchen trugen zum Niedergang das Ihrige bei. Religiöse Auseinandersetzungen innerhalb der protestantischen Geistlichkeit und Anfeindungen aller nicht „Rechtgläubigen" waren nicht geeignet, eine innere Stärkung der Stadt herbeizuführen.

So ging Goslar in das neue Jahrhundert und insbesondere in die Zeit des 30jährigen Krieges bereits in sehr geschwächter Macht und eigentlich schon wehrlos hinein. Wenn es auch in den ersten Kriegsjahren noch von kriegerischen Handlungen verschont blieb, so führten doch die allgemeinen Verhältnisse, zum Teil bedingt durch die Münzverschlechterung der Kipper und Wipper, zu inneren Unruhen, die nur mühsam wieder besänftigt werden konnten. Auch die Pest wütete erneut und forderte Tausende von Opfern.

Goslar stand zunächst, obwohl streng lutherisch, politisch durchaus auf Seiten des Kaisers, eine Haltung, die verständlich ist, da nur die enge Anlehnung an den Kaiser die Hoffnung offen ließ, gegen die Übergriffe des Herzogs von Braunschweig Schutz zu finden und vielleicht sogar eine Revision des Riechenberger Vertrages zu erwirken.

So versicherte die Stadt auch Wallenstein, als er 1625 in Liebenburg, wenige Wegstunden von Goslar entfernt, lagerte, ausdrücklich ihre Treue zum Kaiser und erreichte dadurch, daß sie von Besatzung freiblieb. Herzog Christian von Braunschweig unternahm es nun zweimal, sich der Stadt zu bemächtigen, jedoch vergeblich. Der Sieg Tillys bei Lutter am Barenberge, etwa 15 Kilometer von Goslar entfernt (27. August 1626), bewirkte, daß die feindlichen Heere sich aus dieser Gegend entfernten.

Diese Überfälle Herzog Christians, des jugendlichen Bischofs aus dem Welfenhause, sowie ständige Reibungen mit Herzog Friedrich Ulrich von Braunschweig-Wolfenbüttel nahm die Stadt Goslar nun zum Anlaß einer Klage beim Kaiser, in der zugleich die Aufhebung des Riechenberger Vertrages gefordert wurde. Die Verhandlungen, die die Stadt durch ihren Bürgermeister Henning Cramer von Clausbruch in Wien selbst führen ließ, dienten offenbar dem gleichen Ziel.

Der militärische Erfolg der kaiserlichen Waffen ermöglichte den Erlaß des Restitutionsediktes, auf Grund dessen alle seit dem Passauer Vertrag (1552) von den Protestanten gemachten Erwerbungen zurückzugeben waren. Auch Goslar war hiervon sehr stark betroffen; es lag nahe, daß man in dieser zwar protestantischen aber kaisertreuen Stadt, die in dieser Haltung im Niedersächsischen Kreis allein dastand, den Hebel einer Rekatholisierung besonders stark ansetzte.

1630 wurden Jesuiten nach Goslar entsandt; sie nahmen das protestantisch gewordene Domstift in Besitz. Der Kaiser wies ihnen das Kaiserhaus zu, und die Errichtung einer hohen Schule war vorgesehen. Auch baugeschichtlich ist dieses Ereignis wichtig, da die Jesuiten sogleich mit dem Ausbau der schon arg im Verfall begriffenen Kaiserpfalz, insbesondere des Nordflügels, und der zugehörigen Liebfrauenkirche begannen.
Textbild Der hochragende Jesuitenbau ist auf den Stichen Merians und Schmidts deutlich er-
S. 5 kennbar. Doch sollte die Jesuiten-Niederlassung nicht von Dauer sein; denn schon 1632 mußten sie den Schweden weichen, als diese Goslar in Besitz nahmen. Die fast dreijährige schwedische Besetzung brachte der Stadt ungeheueren Schaden — man bezifferte ihn auf 600.000 Reichstaler — und zahlreiche Wertstücke dürften damals nach Schweden gelangt sein, wie es u. a. für das berühmte, jetzt in Upsala befindliche Reliquiar aus dem Besitz des Domstiftes feststeht.

Die folgenden Jahre waren für Goslar relativ ruhig, da sich die Kriegshandlungen in größerer Entfernung abspielten. Ende 1641 aber trat es nun dadurch in den Mittelpunkt des Geschehens, daß hier die Verhandlungen zwischen dem Kaiser und den niedersächsischen Fürsten über einen Separatfrieden begannen. Im folgenden Jahr wurde — wohl im Rathaus — der „Goslarer Accord" geschlossen. Es war für die Stadt besonders bitter, daß es ihr trotz ihrer Kaisertreue nicht vergönnt war, wieder in den Besitz des Rammelsberges zu kommen. Alle Beschimpfungen durch die anderen Protestanten, alle Opfer, die man um dieses Zieles willen gebracht hatte, waren umsonst! So also sah der „Dank vom Hause Habsburg" aus!

Zwei Jahre später begannen die Friedensverhandlungen in Münster und Osnabrück, die 1648 endlich den langersehnten Frieden brachten. Goslar blieb Freie Reichsstadt; aber unter den völlig veränderten wirtschaftlichen und finanziellen Verhältnissen der Stadt bedeutete das keinen unbedingten Vorteil, sondern vielmehr eine starke, höchstbedenkliche Belastung der Stadt.

Wir haben dieses Jahrhundert ausführlicher dargestellt, um die ungewöhnlichen Schwierigkeiten, denen Goslar zu begegnen hatte, möglichst deutlich in Erscheinung treten zu lassen. Umso erstaunlicher ist es nun, daß auch in dieser Zeit noch die private Initiative sehr lebhaft war, was z. B. in der Ausstattung der Gotteshäuser zum
21 Ausdruck kam; zu denken ist dabei etwa an das prächtige Taufbecken (1573) und die
20 reiche Kanzel (1581) der Marktkirche oder an die Werke der Bildschnitzerfamilie
59,50 Lessen. Eine große Anzahl von — heute noch erhaltenen — Bürgerhäusern ist damals
entstanden, während allerdings die stadt-amtliche Bautätigkeit einschlief. Besonders charakteristisch ist in der Folgezeit die Entwickelung des Fachwerkbaues, der
56 in einer außerordentlichen Vielzahl von Privathäusern heute noch der Stadt Goslar
das charakteristische Gepräge gibt. Es ist dabei auch hier festzustellen, wie nacheinan-
50 der bestimmte Muster bzw. Ornamente als Zierformen Verwendung finden und dadurch die zeitliche Einordnung der Fachwerkbauten nach ihrem Schmuck ermöglichen, auch wenn sie in ihrer Beschriftung nicht datiert sind. Darüber hinaus hat man die
64 Häuser durch die mannigfaltigen Türklopfer und andere geschmackvolle Kleinigkeiten
zu verzieren gewußt.

51 Besonders hervorgehoben sei das Siemenshaus, das, 1693 erbaut, das größte Privathaus jener Zeit ist. Der wirtschaftliche Niedergang der Stadt konnte doch wohl die privaten Vermögen, die sicherlich zum Teil sehr erheblich waren, trotz der Lasten, die der 30jährige Krieg gebracht hatte, nicht so rasch mit aufzehren. Es sei dabei auch

darauf hingewiesen, daß selbst in den Notzeiten dieses Krieges das Goslarer Schulwesen unter Magister N e n d o r f eine große Blüte zu verzeichnen hatte, die sogar zahlreiche vornehme Ausländer veranlaßte, ihre Söhne hierher zur Erziehung zu geben.

Die Jahrzehnte nach dem furchtbaren Krieg brachten eine gewisse Beruhigung. Es gelang, mit dem Herzog von Braunschweig (1666) einen Vergleich abzuschließen, in dem die Stadt sich zwar ihren Widerspruch gegen den Riechenberger Vertrag und gegen die von den Herzögen beanspruchte Erbschutz-Gerechtigkeit vorbehielt, aber den Herzog auf 50 Jahre als Erbschutzherrn akzeptierte.

Die durch die wirtschaftliche Notlage bedingten inneren Schwierigkeiten und Streitigkeiten wurden unter Vermittelung des Kaiserlichen Residenten beim Niedersächsischen Kreis, Theobald Freiherrn von Kurtzrock, durch einen nach ihm benannten Vergleich beigelegt (1682); dieses wichtige Dokument bildete nun das Goslarer „Grundgesetz".

Von da an flossen die Jahre in einem relativ friedlichen Gleichmaß dahin, das nur durch geringfügigere Ereignisse unterbrochen wurde, bis in der Nacht vom 26. zum 27. April 1728 jener furchtbare Brand wütete, der fast die gesamte Unterstadt in Asche legte. Auch die zweitürmige Stephani-Kirche, die erst rund 10 Jahre vorher renoviert worden war und als schönste Pfarrkirche Goslars galt, wurde ein Raub der Flammen; das hervorragend schöne und wertvolle Altargerät konnte jedoch gerettet
werden. Ebenso litten die Türme des Breiten Tores schwer unter dem Feuer, und 44
rund 500 Gebäude fielen dem Brande zum Opfer. Es ist erstaunlich und spricht für den trotz des Unglücks und trotz der schlechten finanziellen Verhältnisse der Stadt ungebrochenen Geist der Goslarer, daß man sofort mit dem Wiederaufbau nicht nur zahlreicher Wohnhäuser begann, sondern auch 1729 bereits den Grundstein zur neuen,
eintürmigen Stephani-Kirche legte, die — im Barockstil gebaut und 1734 geweiht — 2
ein ganz anderes Äußeres als die alten Goslarer Kirchen zeigt.

Die wirtschaftliche Kraft der Stadt beruhte zu jener Zeit in erster Linie auf dem Brauwesen; die „Gose", eine Art Weißbier, war ein beliebter und ertragreicher Exportartikel, der auch die finanzielle Lage der Stadt noch einigermaßen stützen konnte. Allein, auch das Brauwesen verfiel allmählich, und die Lasten, die Goslar für die fast ständigen Reichskriege mit ihren Aufwendungen für vielfache Truppendurchzüge zu tragen hatte, führten die Stadt dem finanziellen Ruin immer näher. Durch eine völlig unzulängliche, ja korrupte Finanzgebahrung des Rates geriet sie schließlich vor den Bankrott, während auch ihre Rechtspflege auf einem denkbar schlechten Niveau angelangt war. Zudem brachte ein Brand im Jahre 1780 besonders der mittleren Stadt neue schwere Schäden.

Der Wiederaufstieg

Da trat ein Ereignis ein, das für die Stadt eine in jeder Beziehung völlig andere Situation schuf: Goslar wurde preußisch! Im Zuge der Entschädigungen für die linksrheinischen Gebiete, die Preußen auf Grund des Friedens von Luneville (1801) abtreten mußte, erhielt es zunächst in einem Geheimvertrag mit Frankreich u. a. die Freie Reichsstadt Goslar zugesichert und sprach deren Einverleibung aus, obwohl erhebliche Bedenken dagegen bestanden, diese „ville cruellement pauvre et endettée", diese greulich arme und verschuldete Stadt, überhaupt mit einzuverleiben. Am 8. 9. 1802 rückte ein Königlich Preußisches Husarenkommando in die Stadt ein: die Stadt war preußisch.

Der Traum der Kaiserlichen Freien Reichsstadt war ausgeträumt; in Wahrheit hatte dieser Status in den letzten Jahrhunderten für die Stadt eine außerordentliche und unverhältnismäßige Belastung bedeutet, der sie in ihrem völlig verarmten Zustand nicht gewachsen war. So war es naheliegend, daß klardenkende Männer wie der Gemeine-Worthalter Johann Georg Siemens den Anschluß an Preußen wärmstens begrüßten und daß man der verlorenen Reichsfreiheit kaum nachtrauerte. Zudem wurde als preußischer Organisationskommissar ein Mann nach Goslar gesandt, der zu den fähigsten und weitblickendsten preußischen Beamten und geistvollsten Köpfen jener Zeit gehörte, der Geheime Legationsrat und Gesandte Christian Wilhelm v. Dohm. In engster Zusammenarbeit mit dem inzwischen Bürgermeister gewordenen Siemens wußte er den Übergang in den preußischen Staat äußerst geschickt zu vollziehen und erwarb sich um die Stadt, insbesondere um ihr Kirchen- und Schulwesen, dadurch bis zur Gegenwart bestehende Verdienste, daß er erwirkte, daß der Stadt die Einkünfte des Domstifts und des Petersberg-Stiftes, die ebenfalls an Preußen gefallen waren, für alle Zeiten zur Verfügung gestellt wurden. Beachtlich ist auch, daß die preußische Regierung sich damals sogleich mit dem Plan einer Wiederherstellung des äußerst baufälligen Domes befaßte.

Nach dem Zusammenbruch Preußens (1807) wurde Goslar als Sitz einer Unterpräfektur und eines Ziviltribunals dem Oker-Departement des neugeschaffenen Königreiches Westfalen einverleibt. Eines ihrer wertvollsten Kunstwerke, der sogenannte
13,14 Crodo-Altar, mußte an Frankreich abgegeben werden; erst 1815 kehrte er, erheblich
in seinem Werte gemindert, nach Goslar zurück. Aber auch diese westfälische Zeit war nur eine Episode; denn durch die Befreiungskriege zunächst wieder preußisch geworden, fiel die Stadt bei der endgültigen Gebietsbereinigung im Wiener Kongreß dem Königreich Hannover zu.

Hatte man sich preußischerseits auch 1814 wieder mit der Frage der Restaurierung des Domes befaßt, so bestand bei Hannover nicht das gleiche Interesse, vielmehr erging die Weisung, „den Dom, von dem doch nur kahle Wände und zerrissene Türme übrig seien, auf Abbruch zu verkaufen, wenn die Stadt sich ihn nicht erhalten könnte
oder wollte“. Die Stadt sah sich hierzu nicht in der Lage, und so begann man 1819
8,9,12 mit dem Abbruch bis auf die heute noch erhaltene nördliche Vorhalle, die sogenannte
Domkapelle, deren reichgeschmückte Front noch einen Eindruck von der Pracht des Gesamtbaues zu vermitteln vermag. Eines der wertvollsten Bauwerke aus der Zeit
Kaiser Heinrichs III. fiel damit der Verarmung der nachnapoleonischen Zeit zum
12,15 Opfer. Der noch aus romanischer Zeit stammende Kaiserstuhl bildet heute das wert-
vollste und interessanteste Ausstellungsstück der Domvorhalle; bei der Eröffnung des ersten Deutschen Reichstages 1871 hat er als Thronsessel gedient.

5 Nicht viel besser als dem Dom drohte es der Kaiserpfalz zu ergehen. Auch dieses
6 Gebäude befand sich mit der zugehörigen St. Ulrichskapelle in trostloser Verfassung
und diente lediglich noch als Magazin; immer wieder stürzten einzelne Mauerteile ein, und so trug sich der Rat noch 1865 mit dem Gedanken des Abbruchs. Da aber griff die hannoversche Regierung ein und kaufte im April 1866 für 1000 Reichstaler die Pfalz mit der Verpflichtung, für ihre Erhaltung zu sorgen. Diese Verhandlungen fielen nun freilich in die politisch-kriegerischen Ereignisse dieses Jahres, aber Preußen als neuer Landesherr trat in den Vertrag ein, und so begann die Wiederherstellung 1868, die, 1870 vorübergehend unterbrochen, 1879 ihr Ende fand.

Es ist kennzeichnend für die höchst schwierige Lage, in der sich Goslar im Anfang des 19. Jahrhunderts noch befand, daß sich die Stadt nicht im Stande sah, von sich aus das Nötige für die Erhaltung dieser einzigartigen Baudenkmäler zu tun.

Auch eine ganze Reihe anderer alter Baudenkmäler ging in der ersten Hälfte des 19. Jahrhunderts unter, so z. B. die Brüdernkirche der Minoriten, die Thomaskirche,
die Augustini-, die Katharinen- und die Cäcilien-Kapelle; ähnlich erging es auch einem
Textbild nicht unerheblichen Teil der Stadtbefestigung, die noch auf dem Stadtplan von 1803
S. 30 in großartiger Vollständigkeit zu erblicken ist.

Die Zugehörigkeit der Stadt zu einer größeren staatlichen Einheit — sei es Preußen, sei es Hannover, sei es wiederum Preußen — hat sich besonders dadurch bemerkbar gemacht, daß sie nun aus der Enge der wirtschaftlichen Verhältnisse herausgeführt wurde. Die Aufhebung der innerdeutschen Zollgrenzen hat diese Entwickelung noch begünstigt.

So kommt es, daß aus der verträumten Reichsstadt der Zeit Goethes, nach dessen Worten Goslar auf und mit seinen Privilegien eingeschlafen war, im Laufe des vergangenen Jahrhunderts eine lebendige Stadt wurde, die sich allmählich wieder erholte. Handel und Wandel, Industrie und Handwerk blühten auf; die Eisenbahn, an die Goslar erstmalig 1866 Anschluß erhielt, und der sich ständig steigernde Fremdenverkehr gesellten sich als wichtige Faktoren des modernen Aufstiegs hinzu. So stand Goslar, die Garnison des 10. Jägerbataillons, schon bei Beginn des ersten Weltkrieges in bester Blüte.

Von besonderer Bedeutung war es für die Stadt, daß sie aus Anlaß der Tausendjahrfeier (1922) kreisfrei wurde. Die schon zu Anfang des Jahrhunderts einsetzende bauliche Ausbreitung der Stadt über den alten Stadtkern hinaus wurde in den nächsten Jahrzehnten energisch fortgesetzt und die in den Jahren 1928/29 vollzogene Eingemeindung der beiden Gutsbezirke Riechenberg und Grauhof vereinigte die alten Besitze nunmehr unmittelbar mit der Stadt, zu der die beiden Augustiner-Chorherren-Stifte seit ihrer Gründung in engster Beziehung gestanden haben. Es war eine seltsame Verkennung historischer Gegebenheiten, daß im Zusammenhang mit der Organisation des Salzgitter-Gebietes der Stadt- und der Landkreis Goslar 1941 von Preußen an das Land Braunschweig abgetreten wurden, das einst unter seinen welfischen Herzögen der schärfste Gegner der Freien Reichsstadt gewesen war.

Durch eine gütige Fügung des Schicksals hat Goslar die schweren Notzeiten des 2. Weltkrieges glücklich überstanden. Nicht e i n e Fliegerbombe, nicht e i n e Granate hat das Stadtbild Goslars zerstört oder auch nur beschädigt.

Moderne Schulgebäude, neuzeitliche Industrieanlagen, die jedoch den Eindruck der Stadt nicht beeinträchtigen, ausgedehnte neue Wohnviertel auf dem Gelände des ehemaligen Flughafens und am Fuße des Sudmerberges ergänzen das alte Goslar in glücklicher Weise, und auch die großen Schwierigkeiten, die der starke Flüchtlingsstrom der Stadt brachte, sind mit großem Geschick gemeistert worden. Wer heute die Stadt aufsucht, wird durch ihr unversehrtes Äußeres und die reiche Fülle ihrer Bau- und Kunstdenkmäler so tief beeindruckt sein wie durch den außerordentlichen Fremdenverkehr, das rege kulturelle Geschehen und das intensive Wirtschaftsleben.

ZU DEN BILDERN

1. Der Adler auf dem Marktbrunnen. Der Marktbrunnen ist ein hervorragendes romanisches Kunstwerk eines Goslarer Glockengießers aus dem Anfang des 13. Jahrhunderts; er wird bekrönt durch den zum Symbol der Stadt gewordenen, ebenfalls romanischen Adler. Sehr gute Nachbildung des jetzt im Rathaus befindlichen Originals.

2. Blick auf die Stadt vom Maltermeisterturm aus. Vom halben Hang des Rammelsberges, dem kleinen Plateau am Maltermeisterturm (so genannt, weil früher dort der Maltermeister des Bergwerks wohnte), geht der Blick nach Norden über die Stadt hinweg. In der Mitte des Bildes die hochaufragenden, verschieden gestalteten Türme der Marktkirche (Bild 18), links davon die gedrungenen der Jakobi-Kirche (Bild 30), noch weiter links die spitzen Türme der Neuwerk-Kirche (Bild 23). Rechts die eintürmige Stephani-Kirche, im Hintergrund die Kirche von Grauhof. Nördlich der Stadt entsteht auf dem einstigen Flughafen-Gelände ein umfangreiches neues Siedlungsgebiet.

3. Blick auf die Stadt von der Bismarckpromenade aus. Am Hang des nördlich der alten Stadt gelegenen Georgenberges zieht sich oberhalb der Feldmauer die Promenade mit dem Bismarckdenkmal hin. Auch von hier bietet sich ein sehr schöner Blick über die Stadt. Im Vordergrund der trutzige Teufelsturm, ein Bestandteil der alten Stadtbefestigung. In der Stadt die Türme der Marktkirche; rechts davon ragt die Kaiserpfalz mit ihrem hohen Dach und dem aufstrebenden Querschiff über die Dächer. Den Abschluß nach hinten bilden links der Rammelsberg (636 m) mit seinen Erzschätzen, rechts der Steinberg (472 m).

4. Blick auf die Stadt vom Petersberg. Von der Höhe des Petersberges, auf dem sich die Ruinen des von Kaiser Heinrich III. und seiner Gemahlin, Kaiserin Agnes, gegründeten Chorherrenstiftes befinden, geht der Blick von Osten her in der Längsachse über die Stadt. Im Vordergrund die mächtige Befestigungsanlage des Breiten Tores, von dem die beiden äußeren Rundtürme und der viereckige Torturm gut zu sehen sind (Bild 44). Im Mittelgrund links zwischen den Birken das Türmepaar der Marktkirche, auf gleicher Höhe weiter rechts die zwei Türme der Jakobi-Kirche und — hinter dem rechten Turm des Breiten Tores — das Türmepaar der Neuwerk-Kirche. Ganz links am Bildrand schaut die Kaiserpfalz vor. Im Hintergrund die Höhe des Steinberges. — Einer der reizvollsten Blicke auf die Stadt.

5. Kaiserpfalz (Kaiserhaus). Unter Heinrich II. wurde im Anfang des 11. Jahrhunderts der älteste Saalbau errichtet, dessen vordere Mauer wohl in der parallel zur heutigen Front des Kaiserhauses verlaufenden Stützmauer der großen Terrasse erhalten geblieben ist. Von Konrad II. wurde der Neubau der Pfalz begonnen, von Heinrich III. vollendet, vielleicht sogar erst unter Heinrich IV. Im Jahre 1065 durch Brand zerstört, wurde die Pfalz bald wieder aufgebaut; 1082 heißt sie zum ersten Mal ‚palatium regium'; sie war der größte Saalbau (rund 47×15 m) der romanischen Zeit mit zwei Sälen übereinander. Unter Heinrich V. erfolgte der letzte umfangreiche Erweiterungsbau, zur Zeit Heinrichs VI. ein großzügiger Umbau unter Leitung des Klerikers Philipp mit Einfügung des hochragenden Querschiffes mit der riesigen Fensteröffnung, wozu um 1225 noch der Neubau des Treppenvorbaues kam. Nach dem letzten Königsbesuch – 1253, Wilhelm von Holland — schwindet die Bedeutung der Pfalz rasch, zumal sich das Schwergewicht des Kaisertums nach dem Süden verlagert. Unter Rudolf von Habsburg werden zwar die Judenschutzgelder noch zur Unterhaltung des Gebäudes verwendet, 1289 aber zerstört eine Feuersbrunst fast den ganzen Gebäudekomplex. Die Stadt, die 1290 die Reichsvogtei erworben hat, baut die Pfalz als Sitz des Vogtes und seiner Gerichtsstätte wieder auf, jedoch in wesentlich schlichterer Form. Die Bezeichnungen ‚domus caesaris' und ‚Pellentze' werden üblich. In den späteren Jahrhunderten verfielen die Gebäude allmählich, da sie nicht mehr entsprechend genutzt wurden. 1477 erfolgte allerdings noch einmal eine Erneuerung des Holzwerkes des Saales mit den bis zur Gegenwart erhaltenen Kopfbändern. Mitte 16. Jahrhunderts trat an Stelle des älteren Wohnpalastes ein Magazinbau als städtisches Kornhaus. 1630 übertrug der Kaiser das Kaiserhaus an die Jesuiten, die sogleich den Zwischenbau zwischen dem genannten Kornmagazin und der wüst-

Die Kaiserpfalz um 1810. Nach Müller

liegenden Liebfrauenkirche errichteten, der auf den älteren Stichen erkennbar ist, aber infolge Einrückens der Schweden (1632) nicht vollendet wurde. Nach dem Dreißigjährigen Krieg stürzten die Gebäude allmählich ein, das Kaiserhaus selbst wurde als Magazin verwandt. Noch 1810 war, wie eine gleichzeitige Zeichnung (Textbild) beweist, fast die gesamte Fassadenarchitektur mit dem gewaltigen Mittelfenster und den sechs säulengezierten Fenstern erhalten. In der ersten Hälfte des 19. Jahrhunderts setzte ein rapider Verfall ein, dem man mit notdürftigsten Ausbesserungen, z. T. in Fachwerk, zu begegnen versuchte. 1865 tauchte der Plan eines Abbruchs auf, daraufhin erfolgte der Verkauf an die Kgl. Hannoversche Regierung. 1868 begannen die Wiederherstellungsarbeiten, die nach kurzer Unterbrechung 1879 beendet waren; anschließend (bis 1897) wurde der Kaisersaal durch Professor Hermann Wislicenus mit historischen Darstellungen ausgemalt.

Während im Erdgeschoß die sieben Quergewölbe erhalten sind, stehen die viereckigen Fenster in den älteren, im Mauerwerk z. T. noch erkennbaren Kleeblattbögen, die auf ursprüngliche Rundbogen zurückgehen. Im oberen Stockwerk mußten die Säulen der Arkaden-Fenster größtenteils bei der Restaurierung erneuert werden. Die heutigen Strebepfeiler vor dem Querschiff, einst wohl Seitenwände eines Vorbaues (Altans), dürften dem ursprünglichen Bau angehören; der Treppenvorbau und der Verbindungsgang zur Ulrichskapelle (Bild 6) sind in dieser Form neu. Im Übrigen ist es schwer festzustellen, was vom Mauerwerk wirklich alter Bestand des gesamten Gebäudes ist, da auch in den nicht von der Renovation betroffenen Teilen zahlreiche alte Ausbesserungen eine klare Erkenntnis unmöglich machen. Das Bild bietet den Blick auf das Kaiserhaus vom Nordteil der Terrasse aus und zeigt im Hintergrund die Ulrichskapelle.

6. Die Ulrichskapelle ist wohl gleichzeitig mit dem jüngeren Wohnbau im Anfang des 12. Jahrhunderts entstanden als dessen Palastkapelle in der dafür typischen zweigeschossigen Form. Das Untergeschoß ist ein griechisches Kreuz, mit Apsiden und Nischen reich geziert. Die einspringenden Ecken sind durch trompenförmige Wölbungen überspannt; dadurch ergibt sich der Übergang zum achteckigen Obergeschoß in technisch meisterhafter und interessanter Weise. Die Wirkung der Architektur wird noch verstärkt durch die verschiedenen Farben des Materiales (grauer Langelsheimer, roter Vienenburger Sandstein). Das Obergeschoß ist erheblich schlichter gestaltet. Nahe Verwandtschaft mit dem Stift Georgenberg ist erkennbar. — Beim Brand der Pfalz 1289 vermutlich ebenfalls zerstört, wurde die Kapelle erst gegen Ende des Mittelalters vorübergehend wieder für kirchliche Zwecke verwandt. Von 1575 an diente sie als städtisches, ab 1851 als staatliches Gefängnis; 1860 wurde sie vom Staat zur Unterbringung wertvoller Altertümer angekauft und bald danach restauriert. Obergeschoß und Dachkonstruktion sind aber offenbar nicht richtig ergänzt.

7. Ulrichskapelle, Inneres. Das Bild vermittelt einen guten Eindruck von der Raumgestaltung der zweigeschossigen Kapelle; in der Mitte steht das Grabmal Kaiser Heinrichs III. (Bild 11).

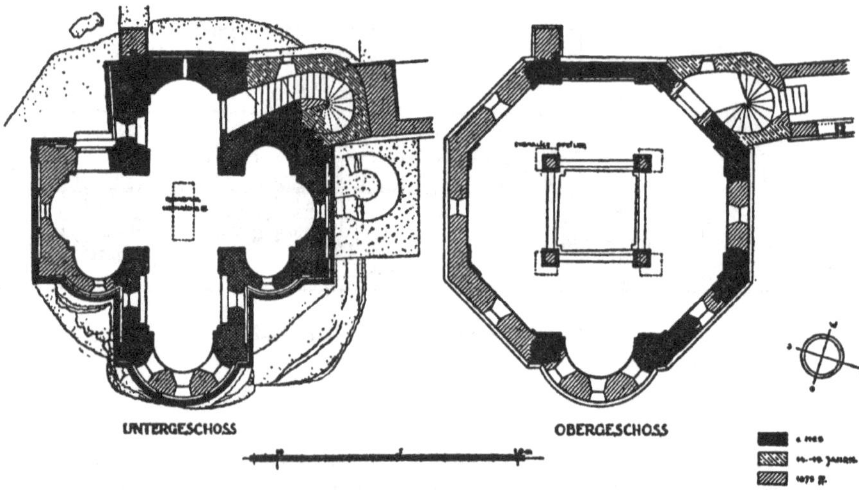

Grundrisse der Ulrichskapelle

8. Domvorhalle („Domkapelle“), der Rest des 1819 abgebrochenen Domes, der Kirche des Domstiftes SS. Simonis et Judae. Gegründet von Kaiser Heinrich III., war der Dom 1047 im Bau und wurde 1050 geweiht; er war eine kreuzförmige Basilika mit Krypta, das „Idealbild einer sächsisch-romanischen Domkirche“, das für zahlreiche andere sächsische Kirchenbauten Vorbild wurde. Von Heinrich III. und seinen Nachfolgern, besonders Friedrich I., sehr reich ausgestattet, erlebte das Domstift nach 1250 einen raschen Niedergang, dem der bauliche Verfall der Kirche parallel ging. Kurz nach 1500 wurde der Dom mit Hilfe der Stadt wieder hergestellt. 1566 trat das Domstift zum Protestantismus über, wurde aber 1629 den Jesuiten übergeben; diese jedoch wurden 1632 von den Schweden vertrieben. Seit dem Dreißigjährigen Kriege trat ein noch schlimmerer Verfall ein. 1802 geschah die Besitznahme des exemten Domstiftes durch Preußen. Der sofort gefaßte Plan einer Wiederherstellung des inzwischen restlos baufälligen Domes scheiterte an dem mehrfachen Wechsel der Landeshoheit und der Geldnot der napoleonischen und nachnapoleonischen Zeit. So wurde der Dom 1819 auf Abbruch verkauft; eines der wertvollsten Bauwerke des 11. Jahrhunderts ist damit untergegangen. Erhalten geblieben ist nur die nördliche Vorhalle, meist irreführend Domkapelle genannt, zur Aufnahme der übriggebliebenen Reste des Dominventars. — Die Domvorhalle selbst stammt nach Dehio aus der Mitte des 12. Jahrhunderts. Das ursprünglich offene Portal ist durch eine prächtige Mittelsäule (Bild 9) halbiert. Im Giebelfeld stehen Stuckfiguren, unten die Schutzheiligen St. Matthias, St. Simon und St. Judas; rechts und links davon zwei Kaiser (einer sicherlich Heinrich III., der andere zweifelhaft; auffallend ist die Gleichordnung der Heiligen und der Kaiser), darüber Maria, flankiert von zwei gemalten Engeln. — In der Rückwand das reichprofilierte nördliche Eingangsportal zum Dom selbst (Bild 12). Im Inneren der Vorhalle stehen der Kaiserstuhl (Bilder 12 und 15), sowie andere aus dem Dom stammende Kunstwerke (Säulen, Gewölbeschlußsteine, Grabsteine usw.).

9. Domvorhalle, Kapitell der Mittelsäule, geziert mit der Inschrift: ‚Hartmannus statuam fecit basisque figuram‘ („Hartmann schuf die Säule und die Figur der Basis“, nämlich einen Löwen). Engste Stilverwandtschaft besteht mit einem Kapitell der Krypta der Stiftskirche Kiechenberg.

10. Dom, Glasmalereien, jetzt im Goslarer Museum befindlich. Links die Geburt Christi, romanisch, aus dem Anfang des 13. Jahrhunderts; das Fenster ist an einigen Stellen altgeflickt. Rechts Maria mit dem Kinde, gotisch, aus der Zeit um 1300.

11. Grabmal Kaiser Heinrichs III. In der Ulrichskapelle wurde 1884 die früher im Dom befindliche, aus der 2. Hälfte des 13. Jahrhunderts stammende Grabplatte Kaiser Hein-

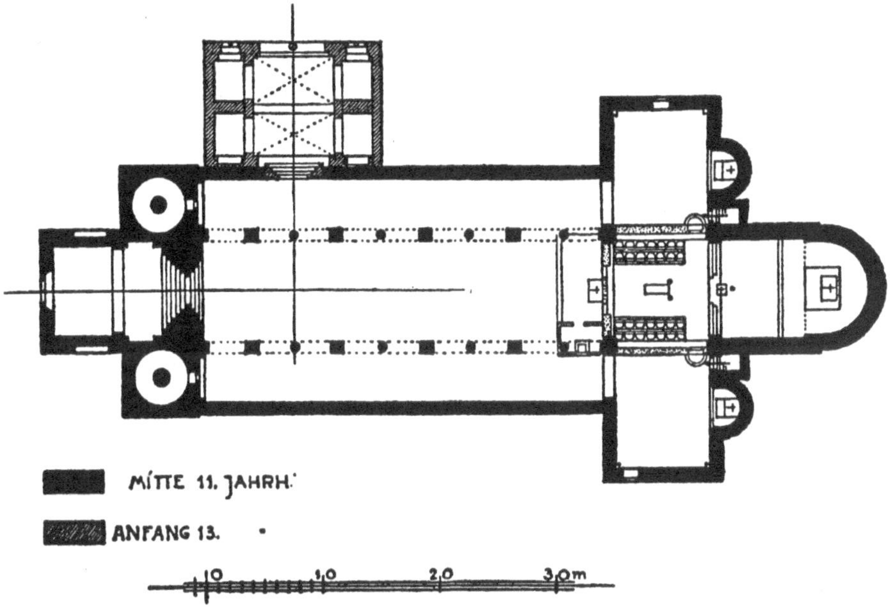

Grundriß des ehemaligen Domes

reichs III. († 1056) über einem modernen steinernen Unterbau, der das Herz des Kaisers birgt, aufgestellt.

12. Der Kaiserstuhl, heute in der Domvorhalle, stand früher im Dom selbst, wurde 1809 mit dem Dominventar versteigert und gelangte nach fast abenteuerlichen Schicksalen durch Testament des Prinzen Karl von Preußen in den Besitz der Stadt. Der eigentliche Sessel ist aus Bronze, stammt aus der 2. Hälfte des 12. Jahrhunderts und ist mit durchbrochenen Rankenornamenten reich geziert (Bild 15). Die steinerne Brüstung weist figürlichen Schmuck der verschiedensten Art auf. Auf dem Bild sind der Löwe und der Basilisk der Vorderfront zu erkennen. Dahinter in der Rückwand der Domvorhalle das hochaufragende, wundervoll profilierte einstige Nordportal des Domes.

13. Dom, sogenannter Crodoaltar, jetzt im Goslarer Museum; er wird von der Sage mit dem Götzen Crodo und der Harzburg in Verbindung gebracht. In Wirklichkeit ist es ein romanischer Reliquienaltar aus Bronze (vermutlich aus der Mitte des 12. Jahrhunderts). Die Mensa, früher mit vergoldeten Blechen, Filigranen und Edelsteinen geziert, nach oben mit einer weißen Marmorplatte verschlossen, knapp 1 m breit und 3/4 m hoch, ruht auf vier knieenden Gestalten, vielleicht den vier Paradiesflüssen. Die Figuren waren ursprünglich sicher Träger eines runden Gefäßes (Taufbeckens?), verwandt mit dem Taufbecken des Hildesheimer Domes. — Angeblich stand der Altar zunächst in der Liebfrauen-Kirche; im Dom wird er vor 1700 nicht erwähnt. 1807 mußte er auf Befehl des französischen Intendanten Daru nach Paris ausgeliefert werden; erst nach dem Wiener Kongreß wurde er auf stärkstes Drängen Preußens herausgegeben, aber er war seines kostbaren Schmuckes weitgehend beraubt.

14. Crodoaltar. Linke vordere Trägerfigur.

15. Wange des Kaiserstuhles.

16,17. Dom. Maria und Christus aus der Kreuzigungsgruppe des Lettners, jetzt im Goslarer Museum. Diese aus sieben überlebensgroßen Figuren bestehende Gruppe stand auf einem mächtigen hölzernen Kielbogen am Lettner und wurde um 1520 von Hans Brandes, dessen Name am Kopftuch der Maria eingeschnitzt ist, geschaffen.

18. Marktkirche, Westfassade. Die Patrone dieser Hauptpfarrkirche sind SS. Cosmas et Damianus; die erste Erwähnung geschieht 1151; die Kirche wurde um 1150 anstelle einer älteren Kirche erbaut, und zwar als dreischiffige romanische Basilika mit Querschiff und zweitürmigem Westbau nebst Glockenhaus. Die um die Mitte des 16. Jahrhunderts noch gleichmäßigen Türme wurden 1573 durch Brand zerstört; ihr Neubau war 1593 vollendet, nun mit verschiedenen Helmen. 1844 zerstörte ein erneuter Brand die oberen Teile der Türme; der Wiederaufbau erfolgte in der alten Form. Vom nördlichen Turm bietet sich ein sehr schöner Rundblick über die Stadt.

19. Marktkirche, Inneres. Die ursprünglich flach gedeckte Basilika erfuhr früh eine Einwölbung mit gratigen Kreuzgewölben. Mehrfache Erweiterungen wurden notwendig; gegen Ende des 13. Jahrhunderts wurde anstelle der halbrunden Apsis der Chor mit den fünf Seiten eines Achtecks neu gebaut, Anfang des 14. Jahrhunderts wurden die Seitenschiffe verdoppelt. Der Hochaltar ist eine Stiftung der Familie Holtzmann aus dem Jahre 1659. Die Kirche wurde 1938 restauriert.

20. Marktkirche. Die prächtige Renaissance-Kanzel aus Holz ist ein Geschenk des Bürgermeisters Hans Staes aus dem Jahre 1581; vermutlich ist sie ein Werk des Braunschweigers Hans Seek, dessen Monogramm auf dem hier abgebildeten Relief, der untersten Bildtafel mit der Darstellung des Sündenfalles, erkennbar ist.

21. Marktkirche, Taufbecken, aus Messing, 1573 von Magnus Karsten, dessen Haus (Bergstr. 53) noch erhalten ist (Bild 50), gegossen. Hervorragende Reliefs mit Darstellungen aus dem Alten und Neuen Testament und sonstigem figürlichem Schmuck. Die Inschrift am Fuß lautet: ‚Hans . Kegel . Valentin . Witzenhvsen . Johannes . Lantman . sindt . thoder . Tidt . Vorstender . gewesen.'; am Schaft: ‚Mangnvs . Karsten . hat . mich . gegossen . tho . Gosler . 1573.'

22. Marktkirche; die Glasmalereien entstanden vermutlich Mitte oder Ende 13. Jahrhunderts (Ausbau des Chores); sie bringen Darstellungen aus der Legende der Märtyrerärzte Cosmas und Damian. Die Malereien gehören zu den besten ihrer Zeit; das Bild zeigt aus dem Martyrium, wie Cosmas und Damian von Armbrust- und Bogenschützen gemartert werden.

23. Neuwerk-Kirche, als Benediktiner-Nonnenkloster, ‚St. Maria in horto', 1186 gegründet von Volkmar v. Wildenstein. Die Kirche, eine kreuzförmige Basilika, wurde noch vor 1200 errichtet; seit 1225 führt das Kloster auf Grund einer damals vorgenommenen Maßregelung die Bezeichnung Neuwerk (‚novum opus'). Die Kirche ist rein romanisch erhalten und wurde 1950 sehr gut restauriert. Das Bild bietet den Blick von Osten (aus dem Hotel „Der Achtermann" heraus) auf die Kirche; ganz im Hintergrund der Turm der Frankenberger Kirche; am linken Bildrand das Gymnasium (erbaut 1888).

24. Neuwerk-Kirche. Die Konsolen der Säulen des Obergeschosses der Chorapsis stehen frei und mit den merkwürdig gebogenen Säulenwülsten weit ausbiegend vor der Wand. Die Abhängigkeit der dekorativen Formen von Königslutter ist offensichtlich.

25. Neuwerk-Kirche. Blick über die Reste des Rosentores auf die prächtige zweigeschossige Chorapsis.

26. Neuwerk-Kirche, Blick in den Chor. Der Chor ist sehr reich durch romanische Wandmalereien verziert, die z. T. sogar, aus Stuck hergestellt, aus der Wandfläche heraustreten. Das Gewölbe der Chorvorlage ist mit Rippen ohne Schlußstein versehen. In der Vierung steht das Grabmal des Stifters und seiner Gattin.

27. Neuwerk-Kirche, Inneres. Die Gesamtlänge der Kirche beträgt 50 m. Die Einwölbung ist ursprünglich, und zwar mit schlichten Rippen. Sehr eindrucksvoller Bau. Absonderlich ist die Gestaltung der Dienste der Quergurte: die Dienste sind von den Pfeilern abgebogen und bilden so riesige Ösen, in die gewaltige Ringe, auch in Form einer sich in den Schwanz beißenden Schlange, eingehängt sind; vermutlich hat das symbolische Bedeutung, aber diese ist nicht vollbefriedigend geklärt.

28. Neuwerk-Kirche, Chorgemälde. Die Gemälde des Chores zeigen eine interessante Verbindung deutscher und byzantinischer Gedanken. In der Wölbung der Apsis thront die gekrönte Maria mit dem Jesuskind, umgeben von einer in den Regenbogenfarben erstrahlenden Gloriole; über ihr versinnbildlichen die sieben Tauben die sieben Gaben des Heiligen Geistes.

Nordseite des ehemaligen Domes

Den Aufgang zum Thron bilden sieben Stufen, die sieben Stufen der Seligkeiten, zu deren Seiten je sieben Löwen ruhen, die die vierzehn Geschlechter Davids bedeuten. An den Seiten schauen die Apostel Petrus und Paulus, unten Engelsköpfe in das Bildfeld.

29. Neuwerk-Kirche. Die Orgelempore wurde 1950 neu geschaffen aus der bisherigen Kanzel, die 1843 aus den Lettner-Schranken gebildet worden war. Die Figuren sind aus bemaltem Stuck, in der Mitte Christus, im Begriff, Maria zu krönen, an den Seiten Apostel. Vorzügliche, bisher noch nicht genügend gewürdigte Arbeiten aus dem Anfang des 13. Jahrhunderts.

30. Jakobi-Kirche, Westfront. Die urkundlich zuerst 1151 erwähnte Kirche ist im 12. Jahrhundert erbaut; sie war eine flachgedeckte Basilika mit doppeltürmigem, sehr gedrungenem Westwerk. Um 1500 erfolgte ein umfangreicher Umbau (besonders: Chor) und die Umgestaltung zur Hallenkirche. 1528 wurde hier die Reformation eingeführt; 1803 wurde die Kirche auf Veranlassung Preußens den Katholiken zum Gottesdienst überlassen und mit den wichtigsten Stücken der Inneneinrichtung des säkularisierten Augustiner-Chorherrenstiftes Riechenberg ausgestattet. Der auf dem Bild noch sichtbare Unterbau der Turmfront ist rechteckig gestaltet, die Türme haben zunächst einen achteckigen, in ihren beiden obersten Geschossen aber einen kreisförmigen Grundriß. Besonders interessant ist die Aufhängung der Glocken außerhalb des Turmdaches.

31. Jakobi-Kirche, Pietà; um 1525 geschaffenes Meisterwerk deutscher Holzplastik von dem Meister Hans Witten (Bild 36). Die Mutter Gottes sitzt auf einem Baumstumpf und hält auf ihrem Schoß den Leichnam Christi. Die Form der Darstellung ist besonders eindrucksvoll.

32. Die Kaiserworth, das ehemalige Gildehaus der Gewandschneider, wurde 1494 erbaut, wohl anstelle einer älteren ‚domus mercatorum' (seit 1290); es erinnert in seiner Anlage an das Rathaus. Beim Stadtbrand 1780 wurde es schwer beschädigt, so daß ein Umbau des Daches und des Turmes notwendig wurde. Die — im einzelnen nicht zu identifizierenden — hölzernen Kaiserfiguren und die steinernen Plastiken von Herkules und Abundantia stammen aus der Barockzeit, die Konsolen dagegen sind spätgotisch; sie sind mit den verschiedensten Darstellungen geziert, besonders bekannt ist das Dukatenmännchen (Bild 39). Davor auf dem Marktplatz der Marktbrunnen (Bild 1); auf einem modernen Sockel stehen zwei Bronzeschalen, deren untere eine Maske, die obere acht Löwenköpfe zieren. An den verbindenden Schaft schmiegen sich vier merkwürdige Tiergestalten, die kleine Menschenfiguren verschlingen. Bekrönt wird der Brunnen durch den im Bild 1 wiedergegebenen Adler. — Von rechts ragt in das Bild die Südostecke des Rathauses.

33. Das Rathaus ist aus Bauteilen verschiedener Perioden zusammengewachsen; es hat daher eine schwierige Baugeschichte. Den ältesten Bauteil stellt vielleicht die Südostecke mit dem romanischen Rundbogen dar (Bild 34); Kern des Gebäudes ist vermutlich der Mittelteil der Südfront, der wohl bis in die erste Hälfte des 12. Jahrhunderts zurückgeht, wahrscheinlich das Amtshaus des Vogtes. Der Hauptbau, der rechteckige große Trakt mit Front nach dem Markt, ist um die Mitte des 15. Jahrhunderts entstanden. Das Erdgeschoß bildet eine sechsachsige zweischiffige Bogenhalle für Gerichts- und Marktzwecke; vor dem — geschlossenen — fünften Bogen war bis ins vorige Jahrhundert der Platz des Prangers. Im Obergeschoß wurden 1896 die alten Spitzbogenfenster wieder hergestellt. Darüber läuft eine Maßwerkgalerie mit sechs Ziergiebeln in Höhe der Dachlinie. Nach Westen schließt an den „Vogteihaus"-Teil die Beinhauskapelle St. Mariae (um 1490) an, die heute in das Rathaus einbezogen ist, nach Norden ein Anbau aus dem Jahre 1560, daran westlich anschließend ein Erweiterungsbau aus dem Jahre 1851. Von den zuletzt genannten Teilen ist auf diesem Bilde nur der nördliche Anbau von 1560 teilweise sichtbar. — Das Rathaus wird überragt von den Türmen der Marktkirche.

34. Rathaus, Blick auf den Mittelbau und die 1537 geschaffene Freitreppe mit dem darunter befindlichen, mutmaßlich ältesten Bauteil, dem romanischen Rundbogen. Über dem Eingang zum heutigen Ratsweinkeller das Goslarer Adler-Wappen und darüber das Bildwerk eines thronenden Kaisers, das wohl symbolisch die Reichsfreiheit kennzeichnen soll, da sich ähnliche Darstellungen auch an den Befestigungstürmen und anderen Stellen finden.

35. Rathaus, Blick auf die Südostecke des Rathauses und die Marktkirche, deren Türme, südliches Querschiff und südliche Nebenapsis hinter dem Rathaus vorschauen. Ganz links die Front der „Kaiserworth".

36. Rathaus. Geweihleuchter in der Diele des Obergeschosses des Hauptbaues. Die flache, mit Sternen geschmückte Holzdecke stammt angeblich aus dem Jahre 1660. Der abgebildete, altbemalte Geweihleuchter mit der thronenden Kaiserfigur wird Hans Witten (Anfang 16. Jahrhunderts; Bild 31) zugeschrieben; die am Geweih angebrachten Wappen sind die der sieben Kurfürsten (das des Markgrafen von Meißen fehlt); den Sockel schmückt vorn der doppelköpfige Reichs-, hinten der Goslarer Adler-Schild.

37. Die Bergkanne, ein hervorragendes Werk der Gold- und Silberschmiedekunst aus dem Jahre 1477, vermutlich im Zusammenhang stehend mit der Beteiligung Johann Thurzos, des Gesellschafters der Fugger, am Goslarer Bergbau. Sie wurde Anfang 18. Jahrhunderts in einer Banklade des „Huldigungssaales" aufgefunden. Der Bauch der silbernen Kanne ist von einem gotischen goldenen Blattwerkkranz umgeben, aus dem Figuren mit Musikinstrumenten, eine auch mit dem Goslarer Wappenschild, wachsen. Auf dem Deckel erhebt sich ein Baldachin, unter diesem der drachentötende Hl. Georg, umgeben von Bergmannsfiguren und Jagdstücken. Das Ganze wird bekrönt vom Goslarer Adler. Der Henkel ist aus einem Drachenleib gebildet.

38. Bergkanne, Dudelsackpfeifer aus dem Kranz der Musikanten.

39. Kaiserworth, Dukatenmännchen, Konsolfigur unter der Statue der Abundantia an der Nordostecke des Gebäudes (Ecke Worthstraße). Die Figur ist vermutlich nicht nur als Scherzfigur gemeint, sondern auch von rechtssymbolischer Bedeutung.

40. Der „Huldigungssaal" des Rathauses war ursprünglich Ratsherren-Sitzungsaal, dann Archivzimmer. Die Ausmalung um 1500 durch einen unbekannten Meister, vielleicht Hans von Cöln, erfolgte als Stiftung eines Bürgermeisters (Johannes Papen?). Der Raum mit seinen 55 Gemälden ist einzigartig in seiner Geschlossenheit und dadurch das hervorragendste Beispiel profaner Innenarchitektur jener Zeit. An den Wänden befinden sich nicht bestimmbare Kaiser-(bzw. Königs)-Figuren im Wechsel mit Sibyllen, in den Fensterleibungen die Patronatsheiligen Goslarer Kirchen, an der Decke in den vier großen Mittelfeldern Mariae Verkündigung, Christi Geburt, Anbetung der Könige und Christi Darstellung im Tempel, darum herum 12 Felder mit den Darstellungen der alttestamentlichen Propheten und in den Ecken die vier Evangelisten mit ihren Symbolen. Über den Wandgemälden befinden sich gleichzeitige Holzschnitzereien von Hans Smet und Heini Marborch. Erst vor rund 100 Jahren wurden die Malereien wieder entdeckt. Das Bild zeigt die Südostecke des Raumes mit drei Herrscherfiguren und dazwischen

die beiden Sibyllen Lybica und Persica; an der Decke im Eckfeld den Evangelisten Johannes, rechts und links davon Propheten und im Mittelbild einen Ausschnitt aus der Geburt Christi.

41. Rathaus, Huldigungssaal. Kaiserfigur und jugendliche, reichgewandete Sibylle Europea von der Südwand. Das Spruchband trägt die Inschrift: ‚veniet ille et transibit colles et latices olimpi. regnabit in paupertate et dominabitur in silencio et egredietur de utero virginis.'

42. Rathaus, Huldigungssaal. Ein unbekannter Bürgermeister als Stifter vor der Madonna knieend (Westwand); das Bild gehört unmittelbar zu dem folgenden.

43. Rathaus, Huldigungssaal. Madonna und Jesuskind von der Westwand.

44. Das Breite Tor, die am besten erhaltene Toranlage der Stadtbefestigung an der Ausfallstraße nach Wolfenbüttel-Braunschweig, wird schon im 13. Jahrhundert erwähnt als ‚vallia St. Bartholomei'. Die beiden äußeren Rundtürme der Anlage sind erhalten, ebenso vom inneren Tor ein Rundturm (heute: „Brieger Turm" als Gedenkstätte für Goslars schlesische Patenstadt Brieg) und der viereckige Torturm sowie ein Teil der Zwischenmauern. Im Bilde sieht man — von Osten her — rechts den nördlichen Außenturm mit rund 20 m Durchmesser und 21 m Höhe bis zur Dachtraufe; darüber ragt ein gleichhohes Kegeldach auf. In der Mitte des Bildes der viereckige Torturm mit einem Zeltdach und halb davor der innere Rundturm.

45. Bäckergildehaus (heute Industrie- und Handelskammer), erbaut 1501 mit massivem Unterbau; 1557 wurde das erkergezierte Obergeschoß in Fachwerk errichtet; das Gebäude hat im unteren Teil mehrfache Veränderungen erfahren. An der rechten Seite der hier abgebildeten Ostfront befindet sich ein Stein, oben mit der Jahreszahl 1501, darunter mit einem Schild, auf dem ein mit einem rautenförmigen Backwerk belegter Goslarer Adler wiedergegeben ist, und unten mit dreierlei Backwerk.

46. Das Brusttuch, ein besonders üppig ausgestattetes und verziertes Patrizierhaus aus dem Übergang von der Gotik zur Renaissance, dessen Untergeschoß aus Bruchsteinmauerwerk erbaut ist, während das Obergeschoß aus Fachwerk besteht; es ist von Magister Johannes Thilling 1526 erbaut und sehr bemerkenswert nicht nur wegen seiner eigenartigen, durch den Grundriß bedingten Dachkonstruktion, sondern auch durch die Fülle des Holzschnitzwerkes, das Darstellungen aus der Mythologie, der Bibel und dem Fabelreich, Menschen wie Tiere in verschiedensten Handlungen und Zuständen, zeigt. Der befremdliche Name „Brusttuch" geht angeblich darauf zurück, daß die Zunft der Brusttuchmacher einstmals ihre Verkaufsbuden vor diesem Hause hatte.

47. Detail aus den Schnitzereien der Ostseite des Brusttuches. Über den mit Eselsbrücken und Fialen geschmückten Fenstern des Erdgeschosses das Fachwerkobergeschoß. Auf dem Bilde sind in der unteren Reihe ein Wappen, ferner geflügelte Putten, auf Adlern reitend, Masken, Seetiere usw., auf den Stielen ornamentale und figürliche Schnitzereien und von den Gestalten der Dachknaggen ein Teufel mit Narrenkappe und Blasebalg sowie die sog. „Butterhanne" zu erkennen.

48. Münzstraße. Blick von Norden, durch die Münzstraße; rechts das sehr alte Gasthaus „Zum weißen Schwan", im Hintergrund die Türme der Marktkirche.

49. Haus Marktstraße 1, städtisches Verwaltungsgebäude, mächtiges Fachwerkhaus mit Erker noch aus gotischer Zeit. Das wie beim Mönchehaus (Bild 52) mit Holzschnitzereien — figürlichem wie ornamentalem Schmuck — sehr reich gezierte Portal trägt die Jahreszahl 1526.

50. Das Magnus Karsten-Haus, Bergstr. 53, ist ein typisches Fachwerkhaus der Renaissancezeit, mit vorkragenden Obergeschossen erbaut 1573 von Magnus Karsten, dem Gießer des Taufbeckens der Marktkirche (Bild 21); über der Tür sein Name, zwei Wappen und die Jahreszahl.

51. Das Siemenshaus, Schreiberstraße 12, ist ein im Gegensatz zu den anderen Häusern der Zeit sehr reich gestalteter Fachwerkbau aus dem Jahre 1693, erbaut von Hans Siemens, einem Vorfahr des berühmten Erfinders Werner v. Siemens; im Besitz des Familienverbandes. Es ist ein umfangreiches Wohnhaus mit Speichergebäuden, Brauhaus usw. Die Gefache sind mit Ziegeln in offenbar mindestens teilweise beabsichtigter Musterung ausgemauert.

52. Das „Möncheh aus", Mönchestraße Ecke Jakobistraße gelegen, ursprünglich wohl zu einer klösterlichen Niederlassung gehörig. Das Haus, im Inneren durch Bemalung prächtig ausgestattet, kann als Musterbeispiel für die Wohnweise der Barockzeit gelten. Besonders bemerkenswert ist das mit figürlichem und ornamentalem Schmuck reichverzierte Eingangstor mit der Jahreszahl 1528.

53. Das Portal des Mönchehauses (Bild 52).

54. Großes Heiliges Kreuz, Äußeres, vom „Hohen Weg" über die „Königsbrücke" hinweggesehen; es wurde als Hospital zu Ehren St. Johannes des Täufers als Gegenstück zu dem gegenüberliegenden Deutschordens-Hospital 1254 gegründet und daher „Neues Hospital" genannt; die Bezeichnung „Großes Heiliges Kreuz" kommt erst um 1400 auf. Der älteste Teil ist noch romanisch, eine alte Domherrenkurie; daran schließt sich nördlich ein größerer gotischer Bau, eine Halle mit den anschließenden Kammern, an. 1819 wurde das „Große Heilige Kreuz" mit dem „Brüdernkloster" vereinigt; es dient als Altersheim. Auffallend ist das vorspringende kleine Giebel-Dreieck.

55. Großes Heiliges Kreuz, Inneres. Das Bild gewährt einen Blick in die große gotische Halle; rechts der Zugang zu den einzelnen Kammern im Unter- und Obergeschoß, das eine barocke Brüstung aufweist. Links ein Kruzifix mit natürlichem Haar von 1538.

56. Kettenstraße, Blick von Süden; diese Straße ist wie so manche charakteristisch für die Fachwerkbauweise, die Goslar seinen eigenartigen Reiz gibt. Die Fenster öffnen sich, wie man deutlich sieht, nach außen.

57. Der Frankenberger Plan, der Platz vor dem Eingang zur Frankenberger Kirche und zum Frankenberger Kloster, ist eine der reizvollsten Stellen im Stadtbilde Goslars, ausgezeichnet durch die Geschlossenheit des Eindrucks. Vor der Kirche das Küsterhaus, dessen linker Teil noch alt ist (1504; das älteste datierte Fachwerkhaus Goslars), links davon das Stift „Kleines Heiliges Kreuz", ein sehr schlichtes, 1686 erneuertes, mit vier Wappen (Stadt Goslar und Familienwappen) geziertes Gebäude, das als Altersheim dient. Davor ein Brunnen mit einer modernen Figur.

58. Frankenberger Kirche, Nonnenempore. Diese prächtige Empore gehört — nach Dehio — noch zum ältesten Teil der Kirche und hängt mit der Werkstatt Königslutter zusammen; sie wurde bald nach 1150 eingebaut. Andere setzen die reichgezierten Säulen und Kapitelle erst ins 13. Jahrhundert und bringen die Errichtung dieser Empore in Verbindung mit der Gründung des Maria-Magdalenen-Klosters (1236), dem die Frankenberger Kirche, die 1108 bereits als Pfarrkirche genannt wird, übertragen wurde. Über den Arkaden befindet sich eine Wandmalerei mit Szenen aus dem Alten Testament als Symbolik des Meßopfers, darüber Christus, umgeben links von Paulus und Maria-Magdalena, rechts von Petrus und Maria. An den Langhaus-Wänden sieht man die merkwürdig eckigen Wandmalereien aus der Zeit um 1240—1250.

59. Frankenberger Kirche, Inneres. Die hochgelegene Kirche war ursprünglich eine romanische, kreuzförmige Basilika mit — bis Ende 18. Jahrhunderts — zweitürmigem Westbau, der in die Stadtbefestigung einbezogen war, und hatte als Patrone: SS. Petrus et Paulus. Um 1500 wurden die Hauptapsis und das südliche Querhaus umgebaut, 1784/86 die Türme durch einen mit einer barocken Haube versehenen ersetzt. Das Bild bietet den Blick auf die sehr reiche Kanzel, die Jobst Heinrich Lessen 1698 geschaffen hat, und auf den Hochaltar von 1675, ein hervorragendes zweigeschossiges Werk von Heinrich Lessen; Kreuzigung, Kreuzabnahme, rechts und links davon oben Paulus und Petrus, unten die Evangelisten. Unmittelbar über dem Altartisch die Darstellung des Abendmahles, das Ganze gekrönt durch den Auferstandenen. Die Lessen waren eine bekannte Goslarer Bildschnitzerfamilie.

60. St. Annenhaus; die St. Margareten-Decke, ein hervorragendes — Wolle auf Leinen — gesticktes Kunstwerk aus dem 14. Jahrhundert mit der Darstellung der Legende der Hl. Margarete auf 32 Feldern mit den einzelnen Szenen, umrahmt von einem Rankenwerk aus Blumen und Zweigen mit Vögeln. — Wann und wie die Decke in den Besitz des St. Annenhauses gelangte, ist nicht bekannt; 1875 wurde sie auf Veranlassung des Kronprinzen Friedrich Wilhelm sachgemäß mit Tuch hinterlegt. Das Bild läßt die Einzelheiten der verschiedenen Szenen sehr gut erkennen.

61. St. Annenhaus, 1494 von den Gebrüdern Geismar als Hospital der Jakobigemeinde gegründet, ein Fachwerkbau, vermutlich unter Verwendung eines älteren, noch romanischen Baues errichtet. 1716 erfolgte der Einbau der Kapelle; dadurch ergab sich die eigenartige, sehr stimmungsvolle Verbindung von Profan- und Sakralbau (jetzt Altersheim). Das Bild bietet den Blick auf die Galerie des oberen Stockwerkes und auf die durch Schranken abgeteilte Kapelle. Die Heiligenfiguren der Brüstung stammen von einstigen Flügelaltären.

62. Riechenberg, Ruine des Augustiner-Chorherrenstiftes. Das Stift wurde durch Petrus, Subdiakon des Domstifts Goslar, 1117 gegründet, 1122 erfolgte die erste Weihe der Kirche, 1131 ein Neubau, 1173 die Schlußweihe. Die Stiftskirche war eine kreuzförmige Basilika nach Hirsauer Muster; 1552 wurde sie von Graf Volrad von Mansfeld eingeäschert, aber bald wieder aufgebaut. Nach der Säkularisation (1803) diente die Kirche als Steinbruch für die Wirtschaftsgebäude (1818). Das Bild gewährt den Blick in die erst vor kurzem (Sommer 1952) wieder völlig freigelegte nördliche Nebenapsis; besonders eindrucksvoll ist das dabei zum Vorschein gekommene reiche Sockelprofil.

63. Riechenberg, Krypta-Kapitell. Diese gut erhaltene, in Niedersachsen reichste Krypta ist in mehreren Abschnitten gebaut. Die Kapitelle weisen sehr reiche, verschiedenartige Ornamentik auf; eines zeigt die gleiche Musterung wie das der Mittelsäule im Eingang der Domvorhalle (Bild 9).

64. Türklopfer vom Eingang des Neuwerk-Klosters, dessen Wohngebäude aus dem Jahre 1719 stammt. Neben den älteren, schlichteren eisernen Türklopfern kamen im 18. Jahrhundert als sehr beliebter Hausschmuck auch solche aus Messing in Gebrauch, meist in Form eines Delphins, eines Meerweibchens, eines Seepferdes oder eines Löwen; sie sind auch heute noch an zahlreichen Haustüren in alter Tradition als Zierde zu finden.

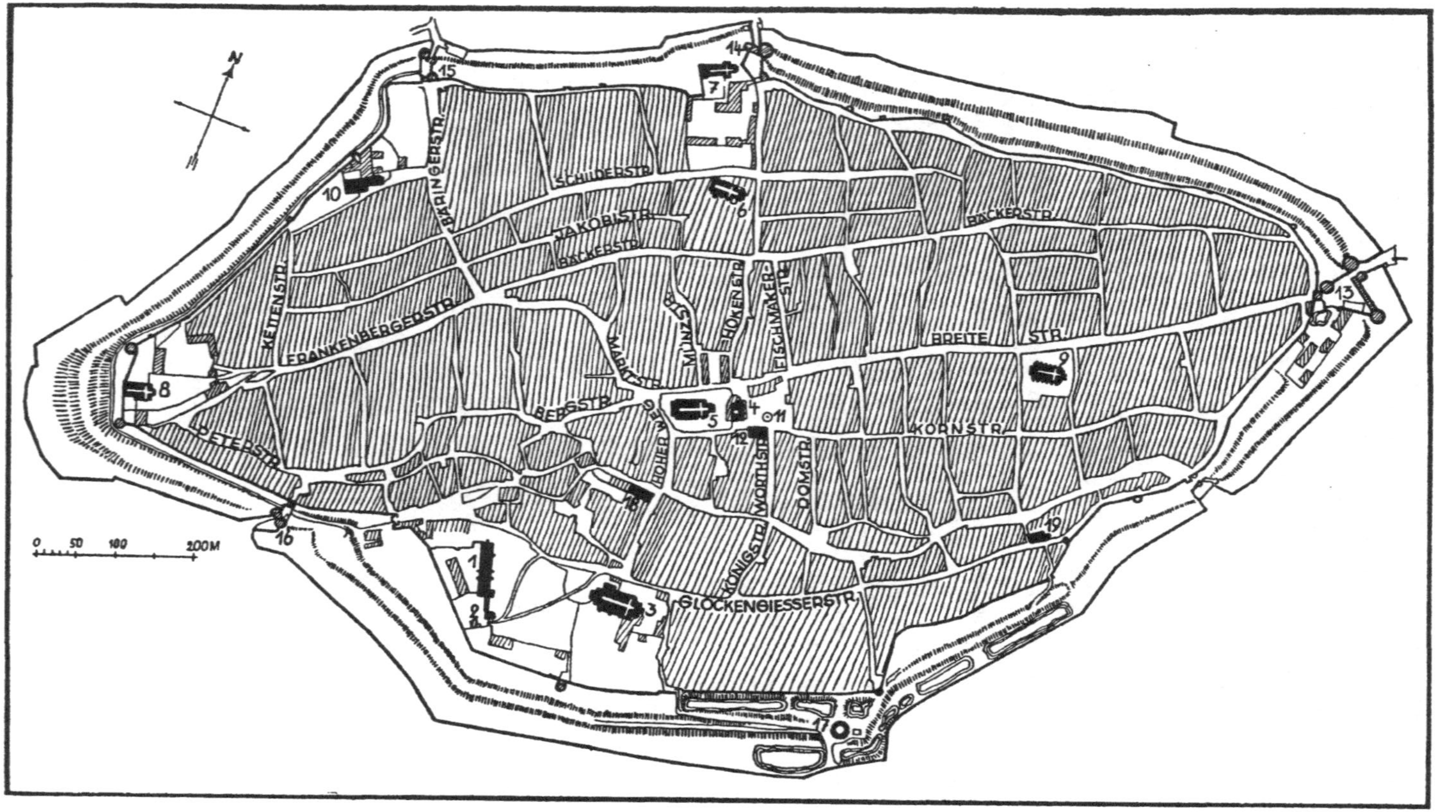

Plan der Stadt vom Jahre 1803

1. Kaiserpfalz 2. Ulrichs-Kapelle 3. Dom 4. Rathaus 5. Marktkirche 6. Jakobi-Kirche 7. Neuwerk-Kirche 8. Frankenberger Kirche 9. Stephani-Kirche 10. Brüdernkirche 11. Marktbrunnen 12. Kaiserworth 13. Breites Tor 14. Rosentor 15. Vititor 16. Claustor 17. Zwinger 18. Großes Heiliges Kreuz 19. St. Annenhaus.

DIE BILDER

1. Der Adler auf dem Marktbrunnen

2, Blick auf die Stadt vom Maltermeisterturm

3. Blick auf die Stadt von der Bismarckpromenade

4. Blick auf die Stadt vom Petersberg

5. Die Kaiserpfalz

6. Die Ulrichskapelle. Anfang 12. Jahrhundert

7. Die Ulrichskapelle mit dem Grabmal Kaiser Heinrichs III.

8. Domvorhalle, sog. Domkapelle

9. Domvorhalle, Kapitell der Mittelsäule

10. Glasfenster aus dem Dom. Links Geburt Christi, Anfang 13. Jahrh. Rechts Maria mit dem Kinde, um 1300

11. Grabmal Kaiser Heinrichs III., ehemals im Dom, jetzt in der Ulrichskapelle. 2. Hälfte 13. Jahrhundert

12. Der Kaiserstuhl, 2. Hälfte 12. Jahrhundert.
Jetzt in der Domvorhalle

13. Sogenannter Crodoaltar, romanischer Reliquienaltar. Bronze.
Jetzt im Goslarer Museum

14. Crodoaltar, Trägerfigur

15. Wange des Kaiserstuhls

16. Maria aus der Kreuzigungsgruppe des Domlettners.
Um 1520 von Hans Brandes. Jetzt im Goslarer Museum

17. Christus aus der Kreuzigungsgruppe des Domlettners. Um 1520 von Hans Brandes. Jetzt im Goslarer Museum

18. Marktkirche, Westfassade. Um 1150. Türme aus späterer Zeit

19. Marktkirche, Blick zum Chor

20. Marktkirche, Renaissance-Kanzel.
Bildtafel mit der Darstellung des Sündenfalles. 1581 von Hans Seek

21. Marktkirche, Taufbecken. Messing.
1573 von Magnus Karsten

22. Marktkirche, Glasgemälde. Mitte bis Ende 13. Jahrhundert

23. Neuwerkkirche. Ende 12. Jahrhundert

24. Neuwerkkirche, Konsolen vom Obergeschoß der Chorapsis

25. Neuwerkkirche, Chorapsis

26. Neuwerkkirche, Blick in den Chor

27. Neuwerkkirche, Inneres nach Osten

28. Neuwerkkirche, Chorgemälde

29. Neuwerkkirche, Orgelempore, ehemals Teil einer Lettnerschranke.
Anfang 13. Jahrhundert

30. Jakobikirche, Westfront. 12. Jahrhundert

31. Jakobikirche, Pietà. Um 1525 von Hans Witten

32. Kaiserworth, ehem. Gildehaus der Gewandschneider. Erbaut 1494

33. Rathaus. Älteste Teile 1. Hälfte 12. Jahrhundert

34. Rathaus, Mittelbau und Freitreppe von 1537

35. Rathaus, im Hintergrund die Türme der Marktkirche, links die Kaiserworth

36. Rathaus, Geweihleuchter. Anfang 16. Jahrh. Hans Witten zugeschrieben

37. Die Bergkanne. 1477

38. Dudelsackpfeifer von der Bergkanne

39. Dukatenmännchen von der Kaiserworth

40. Der Huldigungssaal im Rathaus. Ausmalung um 1500

41. Kaiserfigur und Sibylle Europea von der Südwand des Huldigungssaales

42. Der Stifter von der Westwand des Huldigungssaales

43. Madonna und Jesuskind von der Westwand des Huldigungssaales

44. Das Breite Tor

45. Bäckergildehaus. Erbaut 1501

46. Das Brusttuch. Erbaut 1526 von Johannes Thilling

47. Schnitzereien von der Ostwand des Brusttuches

48. Münzstraße. Rechts Gasthaus „Zum Weißen Schwan“, im Hintergrund Türme der Marktkirche

49. Marktstraße 1, Fachwerkhaus, erbaut 1526

50. Das Magnus Karsten-Haus, Bergstraße 53. Erbaut 1573 von Magnus Karsten

51. Das Siemenshaus, Schreiberstraße 12. Erbaut 1693 von Hans Siemens

52. Das Mönchehaus, erbaut 1528

53. Portal des Mönchehauses

54. Großes Heiliges Kreuz. Hospital zu Ehren St. Johannes des Täufers.
Gegründet 1254

55. Großes Heiliges Kreuz. Die gotische Halle

56. Kettenstraße

57. Der Frankenberger Plan

58. Die Frankenberger Kirche, Nonnenempore

59. Die Frankenberger Kirche, Blick zum Chor

60. Die St. Margareten-Decke aus dem St. Annenhaus. 14. Jahrhundert

61. St. Annenhaus, Hospital der Jakobigemeinde. 1494 gegründet

62. Riechenberg. Ruine des Augustiner-Chorherrenstiftes. 1117 gegründet

63. Riechenberg. Kapitell aus der Krypta

64. Türklopfer vom Eingang des Neuwerk-Klosters

FSC
www.fsc.org
MIX
Papier | Fördert
gute Waldnutzung
FSC® C083411

Zeitfracht Medien GmbH
Ferdinand-Jühlke-Straße 7
99095 Erfurt, Deutschland
produktsicherheit@kolibri360.de